—事例とアドバイスでよくわかる—

環境マネジメントシステム「リモート内部監査」実践ガイド

小中庸夫　著

第一法規

はじめに

2020年に新型コロナウイルス感染症が広まってから、日本の状況が一変しました。新型コロナウイルス対策として、３密（密閉・密集・密接）を避ける取組が推進されています。さらに、新型インフルエンザ等対策特別措置法が改正され、緊急事態宣言やまん延防止等重点措置等が幾度となく発令され、企業に対しては、３密回避や移動の抑制のためリモートワーク[※1]が強く要請されました。

新型コロナウイルス感染症が広まる前から、少子高齢化の加速への対応、働き方改革の推進、人材の確保、コストの削減、生産性向上等を目的として、一部の企業ではIT（インフォメーションテクノロジー）[※2]導入、DX（デジタルトランスフォーメーション）[※3]化が進められており、リモートワークが徐々に広がりを見せていました。そして、新型コロナウイルス対策のため、多くの企業でのリモートワークが一気に広がりを見せています。リモートワークは、社会的な課題解決のための一つの手段であり、新型コロナウイルスとの共存が実現しても拡大し続けると、著者は考えます。実際、2022年の本書執筆時点でリモートワークはすでに新型コロナウイルス感染症への対策だけでなく、新しい働き方の一つの形態として定着しつつあります。

著者は、環境マネジメントシステム（ISO14001、EA21）の審査や内部監査に長年携わってきました。新型コロナウイルス感染症が広まる前までは、リモートによる審査（以下、「リモート審査」）は、テレビ会議システムを活用したIT環境負荷が非常に小さい、小規模の遠く離れた営業所等の審査等で実施されているだけでした。そのため、新型コロナウイルス感染症が広まった直後は、審査や内部監査の多くが延期されました。そして現在、３密を避け、移動を避けるためのリモートワークの急速な広がりに伴い、リモート審査やリモート内部監査を担当する機会が多くなりました。

環境マネジメントシステムの審査の場合、所属する審査登録機関の手順に従ってリモート審査をします。具体的には、審査登録機関から組織の部門をリモート審査する場合や、組織の会議室から各部門をリモート審査する場合、リモート審査と実地審査とを組合せる場合等とさまざまな形態がありますが、いずれの場合も審査登録機関の示す手順に従う必要があります。一方、リモート内部監査の場合は、内部監査を実施する企業から実施方法の相談を受け、内部監査を実施します。

著者も、そのような相談を受け、組織の規模、形態、IT環境等を考慮して、リモート内部監査の方法を提案し、実施してきました。

リモート内部監査は、PC等の端末機器を持ちネットワークに接続可能なIT環境があれば、どこからでも参加可能です。内部監査のために移動する必要もなく、多地点から多数が同時に内部監査に参加できることから、今までの現地での内部監査になかった新たな実施及び活用の形態が考えられます。一方、直接会って対話できないことから、相手の表情を読み取れない、現場の状況を肌で感じ取れない、インターネットを介し離れた地点で実施することによる情報漏洩等のリスク対策が必要である等の課題もあります。

本書では、著者が新型コロナウイルス拡大時期の2020年以降に実施したリモート審査及びリモート内部監査の経験を基に、リモート内部監査の利点、課題を踏まえ、リモート内部監査の可能性をまとめました。

技術の革新が今までの技術を置き換えるだけでなく、大きく世界を変えています。例えば、音楽の世界ではレコードからCD、ウォークマン、そしてインターネットの技術を活用した音楽配信・提供へと移り変わっていったように、従来の市場等において過去では想像できないレベル、規模の変化が起きていくでしょう。インターネットを活用するリモート内部監査は、従来の現地で行う内部監査とは異なる可能性を持ち、組織の環境マネジメントシステムのDX化推進に繋がると感じており、本書では、その可能性もあわせて示します。

第一法規株式会社の伊沢悦子さんには本書全体の構成等を担当していただき、そして何よりもくじけそうになった時に温かくかつきびしく後押しをしてくださり、出版することができました。厚く感謝いたします。

本書が、戦略的に環境マネジメントシステムを活用する組織に少しでも役立てば幸いです。

2022年10月

小中　庸夫

※1　本書では、リモートワークをテレワーク、在宅勤務、モバイルワーク、サテライトオフィス勤務等を含め幅広い概念で遠隔で働くことを示して使用する。

※2　IT（インフォメーションテクノロジー）：デジタル機器や、デジタル化された情報や技術のこと。

※3　DX（デジタルトランスフォーメーション）：企業が外部エコシステム（顧客、市場）の劇的な変化に対応しつつ、内部エコシステム（組織、文化、従業員）の変革を牽引しながら、第3のプラットフォーム（クラウド、モビリティ、ビッグデータ／アナリティクス、ソーシャル技術）を利用して、新しい製品やサービス、新しいビジネスモデルを通して、ネットとリアルの両面での顧客エクスペリエンスの変革を図ることで価値を創出し、競争上の優位性を確立すること。

目　次

第1章
リモート内部監査とは

01 リモート内部監査に必要な基本的な機器構成
02 テレビ会議システムとWeb会議システムとのリモート内部監査活用比較
03 Web会議システムの特徴と機能
04 Webリモート内部監査の特徴
05 Webリモート内部監査の機能、利点／可能性
06 Webリモート内部監査の課題

リモート内部監査とは、オンラインで実施するISO140001等の要求事項で必要とされる内部監査である。無線LANの普及などの企業のIT環境の整備と新型コロナウイルス感染症拡大の影響を受けたリモートワークの広がり等の影響を受け、2020年以降、急速に広がりつつある。

リモートワークのリモート会議には、「テレビ会議システム」と「Web会議システム」が使用されている。「テレビ会議システム」は従来から使用されてきたリモート会議システムで、会議室で専用端末やモニター・カメラ・音声機材を活用して会議を実施する。「Web会議システム」は新型コロナウイルス感染症対策で急速に広がったリモート会議システムで、PC上のソフトウェアやブラウザを活用して会議を実施する。「テレビ会議システム」は、専用の機器及び専用回線を活用し、離れた場所にいる相手と一つの部屋で会話しているような雰囲気で、会議や打ち合わせができ、役員会議、研修等、比較的規模感の大きなやり取りに使用されている。一方、「Web会議システム」は、PCとネット環境があれば実施可能であるので、開催する場所、時間等の柔軟性が高く、手軽に使用されている。

本書では、「テレビ会議システム」または「Web会議システム」を活用した内部監査を「リモート内部監査」と表記する。また、「テレビ会議システム」と「Web会議システム」それぞれを比較する場合、「テレビ会議システム」を活用した内部監査を「テレビ会議リモート内部監査」、「Web会議システム」を活用した内部監査を「Webリモート内部監査」と表記することとする。

本章では、まず、リモート内部監査に必要な機器と環境等について、従来から活用されていたテレビ会議システムとWeb会議システムの比較等を通して考える。

01 リモート内部監査に必要な基本的な機器構成

リモート内部監査を「テレビ会議システム」で実施する場合には、内部監査員と被監査組織に専用機器、専用回線を備えた会議室が必要となる。

一方、リモート内部監査を「Web会議システム」で実施する場合には、内部監査員と被監査組織がWeb会議システムが使用可能なIT環境であれば、リモート内部監査が可能である。PC（カメラ、マイクを内蔵または外付けしているもの）やスマートフォン等の端末がインターネットに接続され、Web会議システムが活用できる環境である。Webリモート内部監査に使用する主な機器とIT環境を**図1**に示す。

図1　Webリモート内部監査に使用する主な機器とIT環境等

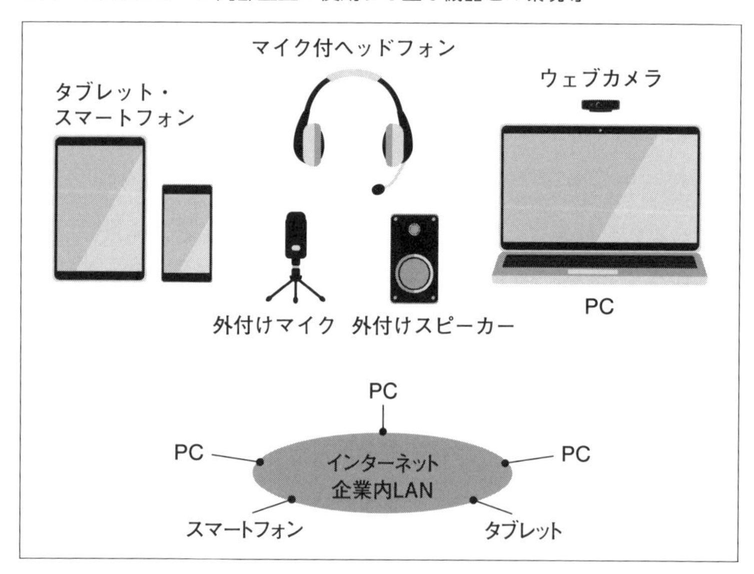

02 テレビ会議システムとWeb会議システムとのリモート内部監査活用比較

Web会議システムの環境整備が進む前は、小規模の遠く離れた営業所等を中心に、環境負荷が小さいテレビ会議システムを活用したリモート内部監査が進められてきた。

しかし、テレビ会議システムを活用して、リモート内部監査を実施するには、専用機器や専用回線を使用する必要がある等、柔軟性に限界がある。一方、Web会議システムは情報セキュリティや接続の安定性に課題はあるものの、使用機器や接続環境等の柔軟性は非常に高い。

将来的には、テレビ会議システム、Web会議システムの持つ欠点が改善され、ほとんど差がなくなる可能性はある。しかし、現時点では、多様な場面が想定されるリモート内部監査には、主にWeb会議システムを活用することになると予想される。

テレビ会議システムとWeb会議システムとの比較を**表1**に示す。

表1　テレビ会議システムとWeb会議システムとの比較

項目	テレビ会議システム	Web会議システム
使用機器	専用機器	PC／スマートフォン／タブレット
利用回線	ISDNや専用回線	インターネットや企業内LAN回線
費用	高い	低い
情報セキュリティ	高い	情報漏洩やデータ改ざん等のリスクがある
接続場所	専用機器が設置された場所(柔軟性が低い)	インターネット等に接続できる環境の場所(柔軟性が高い)
安定性	高い	通信状況、端末の性能に影響を受けることがある

03 Web会議システムの特徴と機能

従来から行われてきたような、内部監査員と被監査組織のメンバーが会議室等に集まり実施する、または現場で実施する内部監査（以下、「現地での内部監査」）では、被監査組織の運用状況を文書・記録で確認する。そのため、被監査組織は、現場で直接、紙の文書・記録を提示するとともに、PCやサーバー等に保管されている文書・記録をモニターで提示する。被監査組織から直接現場で提示されるために、情報のセキュリティ管理は高い状況にある。

一方、リモート内部監査の場合には、インターネットを介し、離れた場所で文書・記録を確認することになるので、情報セキュリティに関する管理が必要である。

現在、多くのWeb会議システムが提供されている。例えば、Zoom、Microsoft Teams、Googleハングアウト／Meet、Cisco Webex Meetings等がある。Web会議システムで活用できるアプリケーション内容は、Web会議システムの契約内容で異なるが、基本的な機能はほぼ同じである。

Web会議システムが一般的に持つ機能を**表2**に示す。

表2　Web会議システムが一般的に持つ機能

①　多数が多地点から同時接続	・会議の主催者が発行するURLから、いつでも接続可能（専用アプリケーションの事前ダウンロードが必要な場合がある）。 ・会議時間（接続時間）や接続人数は契約内容により、制限される場合もある。
②　音声、画面の	・マイクやカメラをオフにすることで、参加者が音

ミュート機能	声やカメラに映った自分の画像を相手に届かなくすることができる機能。 ・オン／オフを切り替えることで、説明者や発言者が分かりやすく、会議を円滑に進行することができる。
③　チャット機能	・会議中に、会議の進行を妨げることなく、メッセージを送受信することができる機能。 ・テキストのやり取りだけでなく、ファイルを送受信することが可能なシステムもある。
④　画面共有機能	・説明者のPCで表示している画面を参加者全員で共有しながら会議を行うことができる機能。 ・資料の該当箇所を説明者が指し示しながら説明することができる。
⑤　ホワイトボード機能	・文書等に書き込みや共同編集できる機能。 ・言葉や画面共有だけでは伝わらない細かい説明や補足、ディスカッションの内容の整理等に活用できる。
⑥　バーチャル背景機能	・カメラに映った自分の画像の背景に表示する画像を編集できる機能。 ・氏名のほか、部署名、役職名等を表示すると、初対面の参加者同士でも会議を円滑に進行することができる。
⑦　録画・録音機能	・会議中の会話・映像を記録できる機能。 ・後日共有することで、会議に参加できなかった人も内容を把握することができる。 ・詳細な議事録を作成する必要がなくなるため、業務効率化というメリットもある。
⑧　ブレイクアウト機能	・参加者を少人数のグループに分けてミーティングを行える機能。 ・参加者が多い会議で、個別のテーマについて少人数で意見交換をし、グループごとに意見をまとめて発表することができる。
⑨　リモート操作機能	・離れた場所にいる参加者のPCを遠隔操作できる機能。 ・相手のPCを使い、設定方法や作業方法等を分かりやすく説明できる。 ・相手側の設定で制限されるシステムもある。

次節で説明するように、Web会議システムが持つ機能（多数が多地点から同時接続可能、いつでも接続可能等）が、移動コストの削減だけではなく、リモート内部監査の可能性を大幅に拡大することになる。

機器の利用についても、著者が利用し始めた2020年５月頃に比べると、現在は、音声、映像のトラブルは少なくなり、違和感なく会話ができ、さらに機能が充実してきている。今後は、ますますWeb会議システムを利用する組織が増加すると考えられる。

このため、以下、本書では、主にWeb会議システムを活用したリモート内部監査について、解説する。

04 Webリモート内部監査の特徴

リモート内部監査の実施状況比較

Webリモート内部監査はWeb会議システムを利用して実施するため、前節にまとめたWeb会議システムが一般的に持つ機能（**表2**）に応じた特徴を有している。具体的には、接続が許可された内部監査員は、インターネットが接続できるIT環境であれば、どこからでも、内部監査を実施できる。監査を受ける担当者も、どこからでも、内部監査を受けることができる（**図2**）。

現地での内部監査に比べると、内部監査員の移動コストの削減、内部監査に参加する場所の制限が少なくなる。

図2　どこからでも多数が参加することができるWebリモート内部監査のイメージ

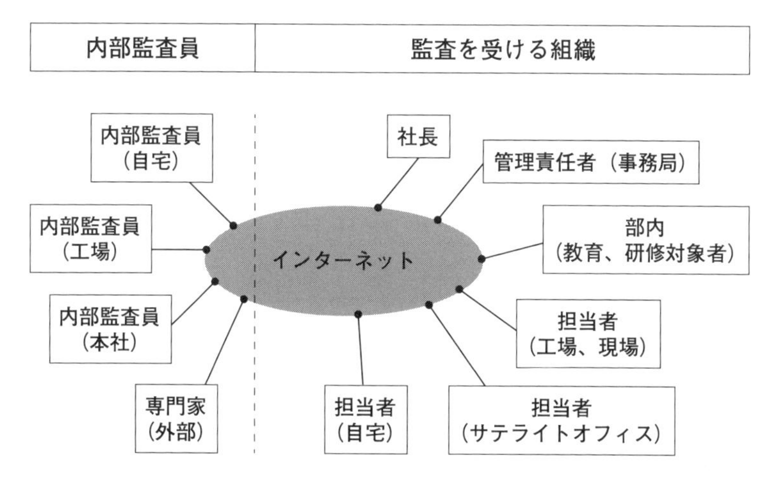

次に、現地での内部監査とリモート内部監査の実施状況の比較をする（**表3**）。監査前の情報入手、提供、事前準備の実施内容は、現地及びリモート内部監査とも同じである。しかし、内部監査当日、内部監査を始めると、リモート内部監査は現地での内部監査とは異なる対応となる。監査員と被監査組織ともにPC、モニター、ネットワーク機器、Webカメラ等のIT機器を使用する。そのため、IT機器を使用でき、内部監査の状況が外部に漏れないような室内環境が必要となる。

表3　現地での内部監査とリモート内部監査の実施状況比較

内部監査項目	現地での内部監査		リモート内部審査	
	監査員	被監査組織	監査員	被監査組織
監査前の情報入手・提供形態	・紙、電子データ等で入手		・紙、電子データ等で入手	
事前準備	・事務所等	―	・事務所等	―
書類等の情報を確認する場所	・事務所等で同席		・インターネットに接続可能でセキュリティが確保される場所	・事務所等 ・インターネットに接続可能でセキュリティが確保される場所 ・担当者の居場所
監査中の情報入手・提示形態	・対面での説明、提示される紙、電子等のデータ、写真、画像等の入手	・対面で説明、及び紙、電子等のデータ、写真、画像等の提示	・モニター等を介して提供される説明、紙及び電子等のデータ、写真、画像等の入手	・モニター等を介しての説明、及び紙、電子等のデータ、写真、画像等の提示

現場作業、状況等の確認、ヒアリングの実施場所	・現場で実施	・アクセス可能でセキュリティが確保される場所	・インターネットに接続可能でセキュリティが確保される場所 ・担当者の居場所（ビデオ等あらかじめ準備した情報） ・現場からの中継
監査で使用する機器	・現地での被監査組織が準備するPC（サーバー含む）、プロジェクター、モニター　等	・PC、モニター、ネットワーク機器、Webカメラ　等	・PC（サーバー含む）、モニター、ネットワーク機器、Webカメラ、現場撮影機器（スマートフォン、タブレット含む）　等

05 Webリモート内部監査の機能、利点／可能性

リモート内部監査の機能は、Web会議システムが持つ機能に依拠する。特に、リモート内部監査で有効な機能は、「(1)　どこでも接続」、「(2)　多数参加」、「(3)　参加者のデータ共有」、「(4)　ライブ発信」、「(5)　意思表示の容易性」、「(6)　説明の可視化／共同作業」、「(7)　内部監査全体の記録」である。各機能が持つ利点と可能性をまとめた（**表4**）。

例えば、「(1)　どこでも接続」は、内部監査員と説明者が参加する場所の選択の幅を広げ、内部監査のスケジュールを柔軟に設定できる利点／可能性をもたらす。「(2)　多数参加」の機能は、参加の人数と拠点の制限がなくなることにより、内部監査の場を多人数の参加可能なものとし、教育、研修の場等に活用できる利点／可能性をもたらす。

その他の機能も含め、リモート内部監査の利点／可能性を理解し、自社で行う場合、どのような機能を活用するのか考える必要がある。

表4　リモート内部監査の機能と利点／可能性

リモート内部監査の機能	利点／可能性
(1)　どこでも接続 ・PC等の端末機器を持ちネットワークに接続可能な	○内部監査員が参加する場所の選択の幅が広がる ・遠隔地組織の担当者を内部監査員とすることができる ・外部の専門家を内部監査員とすることがしやすくなる ○内部監査の説明者が参加する場所の選択の

IT環境があれば、どこからでも参加できる	幅が広がる ・説明者はどこからでも参加できる ・複数で異なる場所から対応ができる ○内部監査スケジュールを柔軟に設定できる ・移動の時間を考えないでスケジュールを設定できる
⑵　多数参加 ・内部監査へのアクセス権を付与された人または端末であれば内部監査へ参加できる	○基本的には内部監査への参加人数、拠点の制限はなくなる ・教育、研修の場として活用できる ・情報共有の場として活用できる ・経営層が“のぞき見”することによる内部監査の監視、牽制ができる
⑶　参加者のデータ共有 ・画面共有機能を活用してモニターを通し参加者がデータを直接共有できる	○参加者が当事者としての意識を持つ内部監査とする ・現地対面で紙資料を確認する内部監査員と説明する担当者間だけでの情報共有となる弊害を防ぐことができる ・教育、研修の場として活用できる ・情報共有の場として活用できる
⑷　ライブ発信 ・現場状況をライブまたはビデオで配信できる	○現地での内部監査では確認できない現場をモニターで確認できる ○現場実況審査の選択の幅を広げ、時間短縮ができる ・セキュリティや安全面で課題があり、内部監査員の立入りが困難な現場を確認できる ・現場に入るための作業着への着替えなどに時間がかかる場合には、現場実況担当者以外の内部監査員は対応が不要のため、大幅な時間短縮になる
⑸　意思表示の容易性 ・チャット機能等を活用して内部監査中においても、会	○参加者が当事者としての意識を持つ内部監査とする

話を中断せずに情報・発言の発信、入手ができる	○内部監査での発言の機会を増やす
(6) 説明の可視化／共同作業 ・ホワイトボード機能を活用して説明の補足ができる ・ホワイトボード機能を活用し意見集約等の作業を共同でできる	○内部監査の補足説明を参加者と共有できる ○内部監査の結果を参加者全員で文書として確認して、共有できる ・文書として内部監査結果を共有できることにより是正や水平展開がスムーズになる
(7) 内部監査全体の記録 ・録画・録音機能を活用して、内部監査の状況を全て容易に記録できる	○内部監査の状況を後から振り返ることができる ・内部監査の改善資料への活用ができる ・教育、研修資料としての活用ができる

06 Webリモート内部監査の課題

リモート内部監査は、IT機器を使用し、監査員、被監査者が、１対１、１対N、N対Mでモニターを介して文書・記録類等の説明と確認をする（**図３**）。

図３　現地での内部監査とリモート内部監査の対話の差

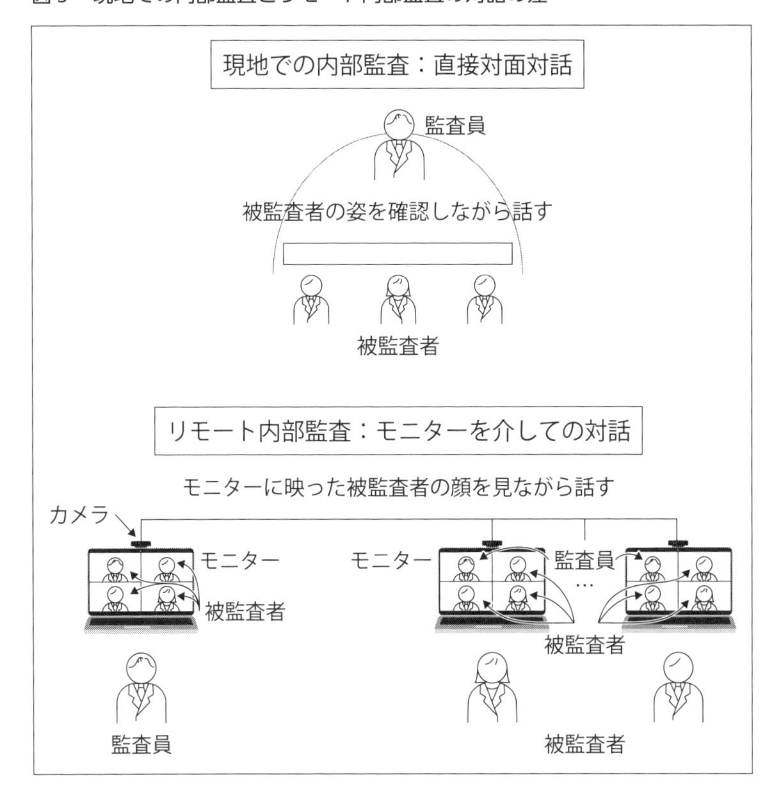

このため、リモート内部監査には、説明の理解が得られやすい一方、その特性に応じた課題がある（**表5**）。

まず、１点目として、モニターを介しての良好なコミュニケーションを確保することに注意する必要がある。分かりやすく質問すること、回答することを意識しないと会話の意図を理解しにくくなる。このことは、現地での対面で行う内部監査でも起こることであるが、被監査者の姿全体を確認できる現地での内部監査と違い、画面越しに顔しか確認できないリモート内部監査では特に起こりやすい。

２点目に、現場の状況確認は、スマートフォン等からの中継による確認となる。臨場感が乏しく、感覚による判断もできないため、現場の騒音、振動、臭気等の異常を感じ取れない等の状況が生じやすくなる。

３点目として、Web会議システムを使用するので漏洩、ウイルス侵入等の情報セキュリティリスクが内在しており、情報セキュリティを確保する必要がある。

４点目に、IT機器の使用の不慣れやIT環境由来のトラブルが生じ、監査が一時中断することもある。

そして、５点目として、被監査組織から提示されたデータが改ざんされた不正なものであっても、内部監査員が気づきにくいことも課題である。

表5　リモート内部監査の課題

課　　題
⑴　良好なコミュニケーションの確保 ・モニターを通しての対話なので、対話相手の微妙な感情の動きや雰囲気等の現場ならではの情報が得られず、何を考えているかを読み取りにくい ・多数が参加している場合に、発言順番や発言時間の調整を適切に進行させないと、監査時間内に必要な情報を得られない
⑵　現場の状況確認に限界 ・例えば、感覚により判断する騒音、振動、臭気等の現場状況を適切に把握できない可能性がある（この課題は、内部監査員が被監査組織のサイドで働いていない場合に生じる）
⑶　情報セキュリティの確保 ・さまざまな環境から接続されるため、情報漏洩、ウイルスの侵入・拡散等に対する情報セキュリティリスクが顕在する可能性がある
⑷　IT環境由来の監査の中断 ・内部監査員や被監査組織の担当者がWeb会議システム使用に不慣れなための使用ミス、IT環境のレベルや事故による音声・画像の遅れや中断等が発生し、内部監査の実施を妨げる可能性がある
⑸　不正データの提出 ・提示されるデータが改ざんされたものか恣意的に選択されたものか気が付かない可能性がある

リモート内部監査にはこのように、その特徴を活かした機能と利点／可能性と課題がある（**表4・表5**）。課題があるからリモート内部監査を避けるのではなく、課題を理解し問題を生じにくくしながら実施するとともに改善を図ることにより、現地での内部監査と異なる価値を生むことができる。現地またはリモート内部監査単独にこだわらず、両方を活用するハイブリッド型内部監査もあり得る。

第２章
リモート内部監査の接続形態

01　集合型（テレビ会議型）
02　個別分散型（被監査組織、監査員）
03　現場実況型
04　劇場型

リモート内部監査は、インターネット等で繋がる環境であれば、いつでも、どこでも、誰とでも繋がるWeb会議の特徴を活かし、多様な接続形態で実施可能である。実施する基本的な接続形態には、「集合型（テレビ会議型）」、「個別分散型（被監査組織、監査員）」がある。これらの内部監査の接続形態に付随して「現場実況型」「劇場型」がある（**表6**）。

監査の目的、監査員、被監査部門の状況等に合わせ、効果的にリモート内部監査を実施するための接続形態を組み合わせるのがよい。

表6　リモート内部監査の形態

項目	リモート内部監査の形態	
基本	**集合型（テレビ会議型）** ・被監査組織の担当者が会議室に集まり、監査員が異なる場所からモニターを介して内部監査を実施する	**個別分散型（被監査組織、監査員）** ・被監査組織の担当者が異なる場所から個別に参加し、監査員も異なる場所からモニターを介して内部監査を実施する
選択	**現場実況型** ・スマートフォンやタブレット等の持ち運びできる端末で現場の状況を実況中継することにより現場監査を行う	**劇場型** ・内部監査の実施状況について、許可された者が直接内部監査には参加しないで観覧する

本章では、リモート内部監査のさまざまな形態について、その進め方と特徴を解説する。

01 集合型（テレビ会議型）

被監査組織の担当者が会議室に集まり、監査員が異なる場所からモニターを介して内部監査を実施する型である（**図 4**）。

図 4　集合型（テレビ会議型）

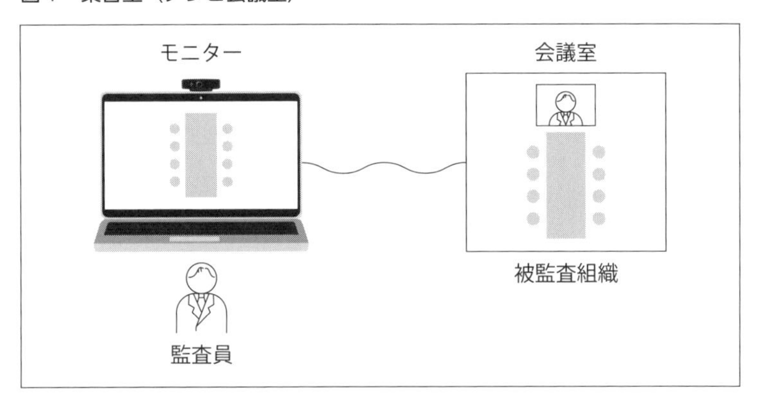

事前準備と当日の進め方

事前準備と内部監査当日の進め方の概要は、以下の通りである。

<事前準備>

① 被監査組織の担当者は、事前に監査項目を確認し資料を準備する。

② 準備した資料は、可能であれば事前に監査員に送付しておく。

③ 被監査組織では、当日の会議室等の準備をする。

<内部監査当日>

④　被監査組織の担当者・監査員ともに資料を持参し、会議室に集まる。

⑤　参加者は手元の資料を参照しながら、モニターを介して対話をし、内部監査を実施していく。

集合型（テレビ会議型）の特徴と実施に適した組織

集合型（テレビ会議型）の特徴と実施に適した組織を以下に示す。

特徴

★端末やネットワーク機器が少なく済む。
★対面監査やすでに普及しているテレビ会議、電話会議等の延長上にあり、違和感なく内部監査に参加できる。
★被監査組織内の意思疎通を対面で行うことができ、情報共有がしやすい。
★内部監査結果について内部監査出席者全員とモニターを介して合意が取りやすい。
★被監査組織からは担当者以外も多数のメンバーが参加可能である。
★監査員側のモニターには被監査参加者の姿が小さくしか映らない。もしくは、発言者のみになる。監査員は、全参加者の状況を把握しにくい。

実施に適した組織

★内部監査リーダーを外部（組織外、組織の別なサイト）に委託する組織
★出社して業務をする組織（例えば、製造業、サービス業等）
★個々の従業員にIT環境が整備されていない組織

02 個別分散型（被監査組織、監査員）

被監査組織の担当者が異なる場所から個別に参加し、監査員も異なる場所からモニターを介して内部監査を実施する型である（**図5**）。

一般的な個別分散型は、集合型と個別に参加する組合せである。内部監査員及び被監査組織の担当者全員が個別に参加する場合は少ない。

図5　個別分散型（被監査組織、監査員）

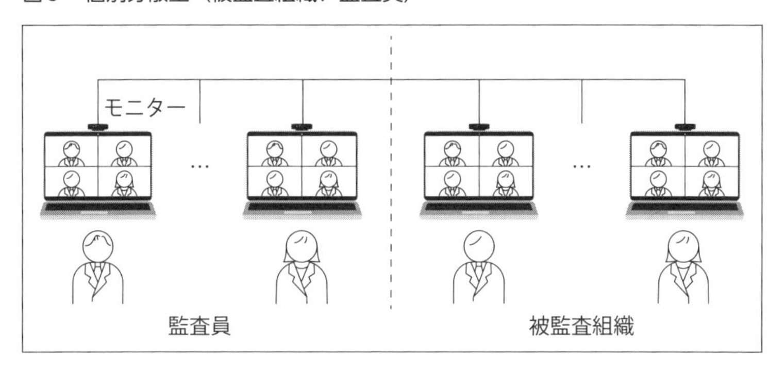

事前準備と当日の進め方

事前準備と内部監査当日の進め方の概要は、以下の通りである。

<事前準備>

① 被監査組織は、事前に監査項目を確認し、資料を準備する。

② 準備した資料は、可能であれば事前に監査員にデータを共有しておく。

③ 内部監査の参加者全員がそれぞれのPC等から確認できるよう、

事前に資料のデータを共有フォルダなどに保存しておく。

④　内部監査を行うWeb会議システム等のスケジュールを設定し、参加者に周知する。

⑤　当日の役割分担について、あらかじめ決めておく。

被監査側…主対応者、監査資料共有作業者等の役割分担

監査員側…監査の進行役、まとめ役等の役割分担

多数の参加者があるので、被監査組織及び監査員の合意形成方法についても、あらかじめ決めておく必要がある。

また、安定性は、通信状況・端末の性能に因ることが大きいので、トラブル発生時の対応についても、あらかじめ決めておく必要がある。

<内部監査当日>

⑥　被監査組織の担当者・監査員共に設定されたWeb会議システムにそれぞれの端末から接続する。

⑦　事前に決めておいた役割分担に基づき、Web会議システムの画面共有機能を活用し、参加者全員で資料を確認しながら内部監査を実施していく。

個別分散型（被監査組織、監査員）の特徴と実施に適した組織

個別分散型（被監査組織、監査員）の特徴と実施に適した組織を以下に示す。

特徴

★被監査組織、監査員とも個別の端末やIT環境等が必要である。

★多数の参加者の意見、考え方を限られた時間で把握する必要があるため、監査員側の進行役には高い対話能力が求められる。

★監査員・被監査組織とも、多数の参加者が、それぞれの拠点から参加できる。

★画面共有機能で同じ資料を同時に確認できるので、情報共有しやすい。

★多くの端末やIT環境を活用するため、トラブル発生の可能性は集合型より高い。

実施に適した組織

★リモートワークを導入し業務をしている組織

★複数の場所で業務（管理、製造、営業、開発等）をしている組織（業種には依存しない）

★効率的な内部監査の実施を望む組織

★内部監査を通して情報交換、人材育成を望む組織

03 現場実況型

スマートフォンやタブレット等で現場の状況を実況中継することにより、現場監査を行う（**図6**）。集合型や個別分散型の現場監査としての位置付けが多い。

図6　現場実況型

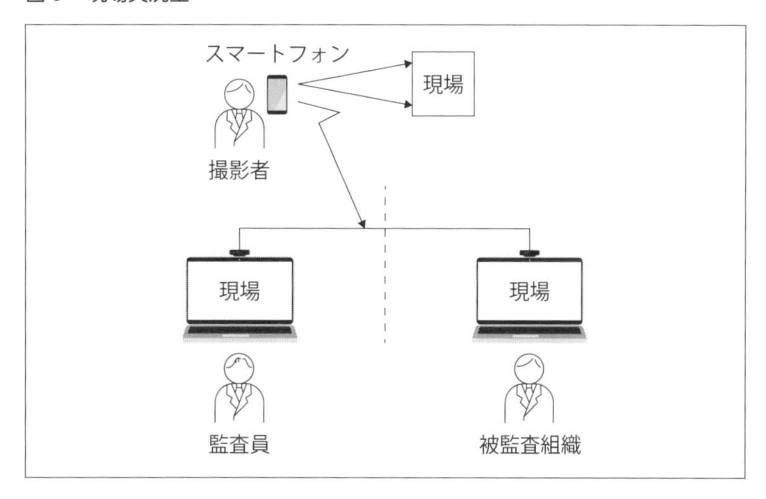

事前準備と当日の進め方

事前準備と内部監査当日の進め方の概要は、以下の通りである。

<事前準備>

① 被監査組織では、事前に現場で実況中継をする撮影者を決めておく。

② 監査項目を確認し、撮影場所や撮影ルート、撮影のポイント等を

確認する。

効率的に現場確認するために、また撮影に気をとられ事故などが起きることがないよう、撮影者の安全確保が必須である。これらを踏まえ、事前に基本的な確認ルートを決定する必要がある。

③　撮影に使用する機器の性能や、撮影場所のIT環境等について確認する。

撮影場所によっては、音声の聞き取り等に課題がある場合もあるので、事前にリハーサルを行うことも効果的である。

また、必要に応じて、ワイヤレスイヤホンやマイクなども準備する。

＜内部監査当日＞

④　撮影場所が、作業着等への着替えが必要な場所の場合、撮影者は事前に着替え等の準備をしておく。

⑤　参加者はモニターを介して現場の状況を確認し、内部監査を実施していく。

現場実況型の特徴と実施に適した組織

現場実況型の特徴と実施に適した組織を以下に示す。

特徴

★内部監査の確認レベルを高めることができる。

★監査員の立ち入りが難しい現場も確認できる。

★現場に立ち入るための作業着への着替えや移動などにかかる時間を短縮できる。

★撮影された現場が恣意的に選択されたものか気づきにくく、モニターに映らない部分は確認できない。

★騒音や振動、臭いなど、感覚による判断に限界がある。

実施に適した組織

★内部監査で製造現場、排水処理施設、化学物質の取扱場所、廃棄物の保管・処理場所等、現場の手順を確認する必要がある組織

★内部監査員が組織の事情で立ち入りできない（安全面、情報セキュリティ面等の理由）組織

04 劇場型

内部監査の実施状況を、許可されたものが内部監査には参加しないで観覧する（**図7**）。対面監査のオブザーバーでの参加に相当する。現場実況型と同じく劇場型は、集合型（テレビ会議型）や個別分散型（被監査組織、監査員）と組み合わせ、現場監査として位置付けて実施されることが多い。

図7　劇場型

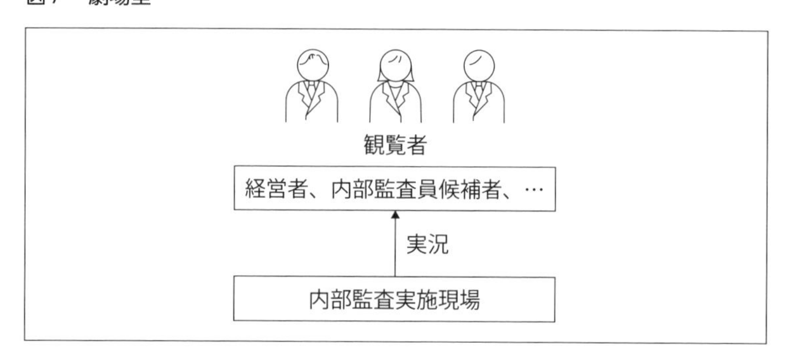

観覧者には発言権限はなく、場合によっては、内部監査を実施している人に観覧していることを知らせずに実施することも可能である。

このため、事前準備等は特に必要ないが、当日の観覧者と内部監査参加者に観覧していることを伝えるか等については、事前に決めておく必要がある。

劇場型の特徴と実施に適した組織

劇場型の特徴と実施に適した組織を以下に示す。

特徴

★内部監査を実況で観覧できる人数、場所には制限はない。録画すれば時間制限もなくなる。すなわち、経営者、他の内部監査員、内部監査員候補者、他部門の担当者等、多様な人が内部監査を観覧できる。

★経営者や他部門の担当者の情報共有の場として活用できる。

★内部監査員候補や他の内部監査員の教育、研修の場として活用できる。

実施に適した組織

★内部監査を人材育成、情報交換等に幅広く活用することを考える組織

第 3 章
リモート内部監査の実施

本章では、Webリモート内部監査を実施する全体の流れとWebリモート内部監査員の資質及びその選出の際に気をつけることについて述べる。

Webリモート内部監査の具体事例として、仮想会社「小中大株式会社」での内部監査実施事例を紹介する。仮想会社であるのでWebリモート内部監査も仮想であるが、組織の概要から組織運営体制まで、できるだけ具体的に設定した。また、今回のWebリモート内部監査の実施についても、目的や内部監査員の選定、実施環境等の事前準備から内部監査当日の流れ、実施後の対応やその後のルールの改訂まで、実際にWebリモート内部監査を実施している企業の例に基づき、解説した。より現実に近い形で、Webリモート内部監査をイメージしていただきたい。

さらに本章に続く第4章以降で、Webリモート内部監査の活用、Webリモート内部監査の計画事例、Webリモート内部監査結果のまとめと報告を取り上げる。一部重複する箇所はあるが、Webリモート内部監査における各場面での活用事例をもとに、より具体的にWebリモート内部監査について考察を深めていく。

01 リモート内部監査実施の流れ

リモート内部監査実施の流れと検討項目

表7に、リモート内部監査を実施するための基本的な流れと検討項目を示す。

従来の現地での内部監査と大きく異なるのは、モニターを介した対話能力の高い内部監査員（本章「03　リモート内部監査員の資質」参照）の選定（「(2)　内部監査員の選定」）、リモート内部監査実施のためIT機器の準備（「(3)　内部監査プログラム策定」）、Web会議システムの使用（「(7)　内部監査の実施」）である。

表7　リモート内部監査を実施するための基本的な流れと検討項目

内部監査のステップ	検討項目
(1)　内部監査の目的の設定	○リモート内部監査実施の目的設定
(2)　内部監査員の選定	○従来の内部監査員能力に以下の能力が必須 ・Web会議システムを利用できる能力 ・モニターを介したコミュニケーション能力
(3)　内部監査プログラム策定	○Web会議システムの選択 ○内部監査員、内部監査を受ける担当者の参加場所 ○現地確認のためのライブ方法 ○検出された課題への対応確認方法 ○内部監査結果の報告方法
(4)　内部監査実施環境の準備	○Web会議システムの管理者 ・情報セキュリティの管理 ・接続環境の確保

⑸　内部監査員の事前準備	○内部監査員への内部監査情報提供 ○作成する資料の種類 ○作成した資料データの共有方法と保管場所
⑹　監査を受ける組織の準備	○リモート内部監査を受けるための担当者の役割決定 ○Web会議システムを利用するための研修実施
⑺　内部監査の実施	○Web会議システム障害時の対応方法 ○Web会議システムでのデータの共有方法 ○Web会議システムでの意志表示方法 ○Web会議システムでの意見集約方法 ○録画等による記録方法
⑻　検出された課題への対応	○現地での内部監査と同じく被監査組織での対応
⑼　検出された課題への対応確認	○ステップ⑶で決定したリモートでの確認方法にて確認
⑽　経営層への報告	○ステップ⑶で決定した方法で報告

02 リモート内部監査でよく使うWeb会議システムの機能

Web会議システムは多くの組織で導入され、どのシステムにも入っている基本的な機能（第1章　**表2**参照）を活用すれば、前章で実施形態を示したリモート内部監査を実施できる。もちろん、Web会議システムに不慣れな参加者に対して利用の研修は必要である。ここでは、**表7**「⑵　内部監査員の選定」で示した検討項目のうち、Web会議システムを利用できる能力について、特に重要視する機能を考えたい。

著者がリモート内部監査実施中に特に重要視する機能は、以下の四つである。

① 音声ミュート機能

リモート内部監査を実施しているときに、いちばん気を付けることは、説明者でないときにはマイクを切っておくことである。説明者の話が聞きにくくなることと、内部監査に必要がない情報が内部監査の全参加者に伝わってしまい、問題が生じる。

② 画面共有機能

モニターを介して内部監査員と被監査組織間で文書・記録等を共有する。被監査組織はあらかじめデータの保管場所を確認し、すぐに提示できる準備が必要である。紙の資料の場合には、あらかじめPDF化しておくか、カメラ等でモニターに映せる準備が必要である。

③　**バーチャル背景機能**

参加場所の状況を見せることに支障がある場合には、姿だけを全員に見せることができる。

④　**チャット機能**

他の人が発言中でも自分の考え方や質問を伝えたい人を含め全員に伝えることができる。

これらに加え、各組織の実態や計画している内部監査プログラムに応じて必要な機能を中心に研修を行うようにする必要がある。

このほかにも、リモート内部監査時には、回線不良、端末機器不良、アプリケーション操作ミス等で監査が中断することが想定される。慌てずに、リモート内部監査で定める事故時の対応に従って、行動できることが要求される。

03 リモート内部監査員の資質

リモート内部監査員に求められる資質

次に、**表7**（「⑵　内部監査員の選定」）で示した検討項目のうち、モニターを介したコミュニケーション能力について考える。

今までの現地での内部監査を経験してきた内部監査員がリモート内部監査を問題なく実施できるのか不安をもつ組織があると思う。答えは、実施可能な方もいれば不向きな方もいる、である。

ISO19011「マネジメント監査のための指針」では、**表8**に示すような監査員の資質を定めている。これらの資質はリモート内部監査員にとっても重要な資質である。さらに、モニターを介しての対話能力、モニターを介しての監査結果の確認能力、ITスキル等が追加の資質となる。

表8　リモート内部監査員に求められる資質

ISO19011で定める監査員の資質	リモート内部監査員へ求められる追加資質
□倫理的である □心が広い □外交的である □観察力がある □知覚が鋭い □適応性がある □粘り強い □決断力がある □自立的である □不屈の精神をもって行動する □改善に対して前向きである □文化に対して敏感である	□モニターを介して対話する能力がある（話し方、聞き方、目配り等） ⇒質問は短く、１回に１質問とする ⇒口調はゆっくり ⇒被監査者が答えやすい雰囲気を作る □モニターを介して監査結果を示し、確認を得る能力がある ⇒監査を終了したときに監査結果に合意する ⇒不適合、改善等の課題を提示する場合には事実関係を簡潔な文書で示し、合意する

□協働的である	□ITスキル（リモート内部監査で利用する情報ネットワーク、端末機器、アプリケーション等）を活用する能力がある ⇒IT環境の接続トラブルなどに慌てずに対応し、適切に監査を進める

被監査者との対話で意識すべきこと

リモート内部監査と現地での内部監査との本質的な差は、第１章の**図３**に示すように、監査員と被監査者との対話形式である。リモート内部監査は、モニターを介して被監査者と対話する必要がある。直接対面する現地での内部監査であれば、被監査者の状況を直接に感じることができる。しかし、リモート内部監査では、モニターに映っている被監査者の顔の状況しか確認できない。制限された状況で、対面して行う直接対話と同じようなレベルで対話することが必要となる。

一方、監査員も、被監査者全員からモニターでしっかり見られている。直接対話では、対話する相手と目を合わせて対話できるが、リモート内部監査では、被監査者全員と目を合わせることを意識して、対話する必要がある。モニターと話しているわけではないが、直接対話以上に、監査員は見られている。具体的には、監査員は必ず質問する相手の名前で話しかけ、常に相手を認める対話をする必要がある。ゆっくりとした口調で、質問は短く、１回に１件にするよう心がける。被監査者全員に何かの質問をする。息抜きの会話を入れる。少なくとも１時間に１度ぐらいは休憩を入れる。このような点に気をつけて内部監査を進める。モニターを通して被監査者が穏やか、理想は笑顔で答えてくれれば、リモート内部監査での対話が現地監査と同様にうまく進んでいると言える。

監査結果の合意

現地での内部監査と同じく、リモート内部監査でも監査結果の合意を得る必要がある。モニターを介して合意を得ることの最も重要なポイントは、文書で直接確認することである。また、リモート内部監査の状況を記録し、後から合意内容を文書化することも可能である。

不適合事項等に対しては「言った、そのようには聞こえなかった」等と、せっかく改善すべき課題を検出したのにもかかわらず、監査員と被監査組織との泥仕合となってしまう可能性もあり得る。そこで、内部監査リーダーは、内部監査で検出した「課題」、「よい点」等の要点を文書化し、画面共有機能で被監査組織と内部監査員へ提示し、被監査組織から内容確認をしてもらうことで合意を得る。被監査組織からの合意が得られれば、正式な報告書を後から被監査組織に送り、最終合意を得る。もしも、内部監査時に合意が得られない場合には、合意が得られた事実関係と得られなかった事実関係を併記して、内部監査を一旦終了させる。なぜならば、決められた時間内に内部監査を終了させないと他の業務に支障が生じるからである。

合意が得られなかった場合の処置については、あらかじめ決めておく必要がある。一般的には、環境管理責任者へ処置を委ねる場合が多い。

04 リモート内部監査員の選出

前節でリモート内部監査員の資質について記載した。理想的な資質を兼ね備えたリモート内部監査員を見つけ出すことや育成することは困難である。いないかも知れないし、育成不可能かも知れない。実際著者は、ISO19011で規定される資質を全て持ち合わせた内部監査員やISO審査員と今まで出会ったことはない。しかし、内部監査員を選出しないとリモート内部監査を実施できない。そこで、リモート内部監査員の選出に当たっての現実的な対応策を考える。

リモート内部監査員として選出するには、下記の①、②からが現実的である。しかし、リモート内部監査では、③、④についても積極的に選出するとよい。

① **多くの研修機関が実施するようになってきた「リモート内部監査員研修コース」修了者**

このような研修コースは「リモート研修システム」をメニューの一つとして提供している場合が多くあり、研修会場に出向く必要はない。

② **組織が独自に育成した内部のリモート内部監査員**

外部の有識者または①の研修修了者が育成講師として実施する研修修了者が相当する。

③ **外部の有識者**

例えば、ISO14001審査員または経験者、JRCA（一般財団法人日本要員認証協会マネジメントシステム審査員評価登録センター）登録の審査員、環境コンサルタント等が考えられる。

リモート内部監査では、外部有識者を活用するための移動時間がなくなり時間的な制約が少なくなり、かつ委嘱費も抑えられる。現地での内部監査より外部有識者を活用しやすくなる。

④ OJTでのリモート内部監査経験者

リモート内部監査は、多くの内部監査員が参加できる。初めは委嘱した外部の有識者をリモート内部監査リーダーとし、一緒にリモート内部監査を経験した自組織内の内部監査員をリモート内部監査員とする。

なお、外部の有識者にリモート内部監査員を委嘱する場合、肩書きと委嘱の価格の安さだけで判断すると、組織にとって相性が悪く、有効な内部監査にならない可能性がある。面談等で自組織に適した人材（人柄）であるかを判断することが必須である。

さらに、外部の有識者は何回か内部監査を経験することにより、組織にとって有効なリモート内部監査を実施できるようになることを理解する必要がある。このことから、長期的な視点で自組織に適した人材に委嘱することが重要である。

内部監査員としての適切性について内部監査後に評価し、内部監査員のレベルアップを繰り返しすることによって、組織に合ったリモート内部監査員を育成し選出することができるようになる。結果として、リモート内部監査のレベルが向上する。

事例 仮想会社でのWebリモート内部監査の実施

リモート内部監査を実施する流れを示した**表7**の内容を、仮想会社で実践することを想定した事例として示す。

仮想会社は、拙著『ISO14001：2015年版への移行と運用の実務クイックガイド』（第一法規、平成29年）で環境マネジメントシステム簡易マニュアルの事例として取り上げた「小中大株式会社」である。「小中大株式会社」は、創業当時は茨城県中央工業団地内にある製造業会社であった。業績を急拡大させ、本社を東京に移し、工場を群馬県に新設し、支店を全国に展開している。急激な業績の拡大に伴い、新卒及び中途採用で多くの人材を確保している。そのため、人員の力量向上は必須であり、環境マネジメントシステムの推進委員、内部監査員も毎年度担当教育を行っている。ICT化は業務拡大のスピードに対応するため、戦略的な投資ではなく、現状の仕事を何とか回すことを第一優先に投資している。

仮想会社の概要

□名称：

小中大株式会社

□本社：

東京都中央区

□業務：

電子機器製造、販売、保守等

□事業所等：

・Ａ工場：茨城県中央工業団地　Ｂ工場：群馬県南部工業団地

・札幌支社、仙台支社、東京支社、名古屋支社、大阪支社、博多支社

□従業員数：

750人

□資本金：

5,000万円

□売上高：

500億円（2020年度）

【環境マネジメントシステムの適用範囲】

□活動、製品・サービス：

製造、研究開発、オフィス作業、営業及び製品・サービス（保守）等の全社の活動

□サイト：

全サイト

□対象者：

全従業員（正社員、契約社員、派遣社員、アルバイト）、工場内作業委託者

【環境マネジメントシステム体制】

図８に仮想組織小中大（株）の環境マネジメントシステム環境経営体制を示す。

図8　仮想組織：小中大株式会社　環境マネジメントシステム環境経営体制

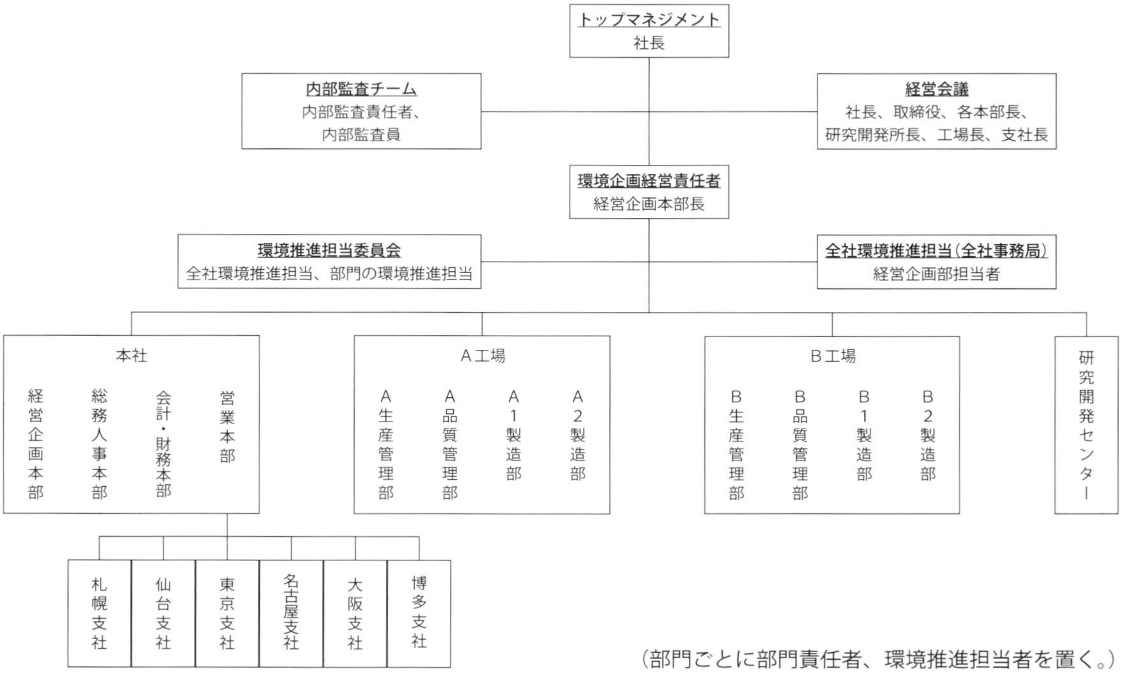

トップマネジメント
社長

内部監査チーム
内部監査責任者、
内部監査員

経営会議
社長、取締役、各本部長、
研究開発所長、工場長、支社長

環境企画経営責任者
経営企画本部長

環境推進担当委員会
全社環境推進担当、部門の環境推進担当

全社環境推進担当（全社事務局）
経営企画部担当者

本社
経営企画本部
総務人事本部
会計・財務本部
営業本部

札幌支社
仙台支社
東京支社
名古屋支社
大阪支社
博多支社

A工場
A生産管理部
A品質管理部
A1製造部
A2製造部

B工場
B生産管理部
B品質管理部
B1製造部
B2製造部

研究開発センター

（部門ごとに部門責任者、環境推進担当者を置く。）

1　リモート内部監査実施の目的

現地での内部監査でも確認する環境マネジメントマニュアルの運用状況、法令順守状況などは、当然リモートでも内部監査の目的であることは変わらないので、ここでは割愛する。

以下の目的は、リモート内部監査を積極的に展開する目的である。

□目的１：新型コロナウイルス感染対策

異なる地域の内部監査員と被監査組織の各部門担当者が、移動・接触することによる新型コロナウイルス感染の可能性をなくすためである。

□目的２：経費削減及び時間調整の簡易性

組織拡大以前の１サイトで内部監査を実施していた際は、出張もなく、移動時間は全く気にする必要はなかった。そのため、内部監査を実施するための内部監査員と被監査組織との間での内部監査実施時期の調整は簡単にできた。しかし、組織が拡大した現在、全部門の内部監査を実施するためには、内部監査員を各地に出張させる必要がある。移動には時間がかかることから、内部監査員と被監査組織との間での内部監査実施時間の調整が難しくなる。さらに、業務上の理由などにより内部監査時間を変更した場合に、再度、内部監査実施時期を調整するのに時間がかかる。このような課題を解決し、経費を削減し、時間調整を簡易にするためである。

□目的３：人材育成と人的交流の場にする

組織拡大前、茨城県中央工業団地に全ての部門があった頃は、人的交流の密度は高かった。しかし、会社が大きくなりマルチサイトになると、別サイトの実態は見えなくなるとともに、新型コロナウイルス感染対策のため、部門間の打合せは、基本的にリモート会議となった。

小中大株式会社では、新型コロナウイルスの感染拡大以前でも、経費及び移動時間の関係から、被監査組織に近い内部監査員を選出することが多かった。また、内部監査には、被監査組織の担当者と内部監査員以外が参加することはなかった。

リモート内部監査は、インターネットに接続可能な場所なら、どこからでも参加できる利点がある。内部監査員の多くは環境推進担当者を兼ねている。小中大株式会社は業務拡大中のため、新人の内部監査員や環境推進担当者が多くいる。そこで、被監査組織と異なるサイトにいる内部監査員を別の被監査組織の担当内部監査員とし、リモート内部監査の実施状況を傍聴可能とすることにより、人材育成と人的交流の場とすることにした。

2　内部監査員の選定

(1)　内部監査リーダーの選出

初めてのリモート内部監査であったので、環境マネジメントシステム（EMS）主任審査員と環境企画経営責任者と全社環境推進担当者が、リモート審査の対応を経験している審査登録機関で、ISO 14001のリモート審査経験者であるEMS主任審査員と面談した。その結果、小中大株式会社の環境マネジメントシステムと基本的な考え方が同じであり、コミュニケーション能力が高いと判断した２名と契約し、今回のリモート内部監査を内部監査リーダーとして推進してもらうよう、依頼した。

社外の内部監査リーダーとは社内ルールに基づき守秘義務の契約

をした。

⑵ 内部監査員の選出

社内で従来から認定されている内部監査員と環境推進担当者を内部監査員として選出した。ISO14001の外部研修及び社内の環境マネジメントシステム研修修了者が環境推進担当者である。内部監査リーダーのEMS主任審査員のもとでの内部監査をOJTで経験させることにより、効率的に多くの内部監査員を育成できる。

⑶ リモートコミュニケーション研修

内部監査員、環境推進担当者を対象に、外部研修機関による「リモートによるコミュニケーションの仕方」（45分）と、今回、内部監査リーダーを務めることとなった審査登録機関のEMS主任審査員による「リモート内部監査での注意事項」（45分）のリモート研修を実施した。

3 内部監査プログラムの策定

⑴ リモート内部監査に使用するWeb会議システムの選定

今回のリモート内部監査は、小中大株式会社が、IT環境の整備中であることを踏まえ、現在、他企業でも急速に利用が広がっているWeb会議システムであるZoomを用いることとした。

⑵ 環境マネジメントシステム内部監査のスケジュール

小中大株式会社の規模が拡大したので、環境企画経営責任者・全社環境推進担当者、研究開発センターについては、内部監査を毎年実施することとし、他の部門は隔年で実施することとした。

全社環境推進担当者が当該年度の被監査部門の担当者と調整し、

内部監査リーダーに確認して内部監査スケジュール案を作成し、環境企画経営責任者の承認を得る。

全社環境推進担当者が内部監査員と傍聴希望者を調整し、被監査部門の担当内部監査員等を決める。担当内部監査員は２名以上とし、自部門の内部監査は担当させない。

表９に、2021年度の内部監査スケジュールを示す。

表９　小中大(株)　2021年度環境マネジメントシステム内部監査スケジュール

<table>
<tr><th colspan="2">日時</th><th>X内部監査リーダー</th><th>Y内部監査リーダー</th></tr>
<tr><td>９月１日</td><td>13：30～14：30</td><td colspan="2">内部監査実施説明会
出席者：環境企画経営責任者、全社環境推進担当者、部門の環境推進担当者、内部監査員</td></tr>
<tr><td colspan="4">内部監査実施</td></tr>
<tr><td>９月２日</td><td>13：30～16：30</td><td colspan="2">全体の環境マネジメントシステム運用状況の確認
環境企画経営責任者、全社環境推進担当者</td></tr>
<tr><td rowspan="2">９月７日</td><td>９：30～12：00</td><td>経営企画本部</td><td>会計・財務本部</td></tr>
<tr><td>13：30～16：30</td><td>A生産管理部</td><td>B品質管理部</td></tr>
<tr><td rowspan="2">９月８日</td><td>９：30～12：00</td><td>札幌支社</td><td>東京支社</td></tr>
<tr><td>13：30～16：30</td><td>A１製造部</td><td>B２製造部</td></tr>
<tr><td rowspan="2">９月９日</td><td>９：30～12：00</td><td>大阪支社</td><td></td></tr>
<tr><td>13：30～16：30</td><td colspan="2">研究開発センター</td></tr>
<tr><td colspan="4">□部門の内部監査の出席者
☆被監査部門：部門の長、環境推進担当者、その他参加希望者
☆担当の内部監査員、傍聴希望者</td></tr>
<tr><td>９月30日</td><td>13：30～14：30</td><td colspan="2">内部監査結果説明会
出席者：環境企画経営責任者、全社環境推進担当者、部門の環境推進担当者、内部監査員</td></tr>
</table>

4　内部監査実施環境の準備

⑴　Web会議システム（Zoom）の管理

・初めてのリモート内部監査なので、全社環境推進担当者が管理者として、全ての参加者へZoom接続情報を配信した。内部監査実施前に、３回に分けて接続試験を行い、全て問題ないことを確認した。

・現場確認にはスマートフォンを使用するために、想定される現場からスマートフォンで映像を送ることができるかの確認をした。通信の状況で映像が不鮮明になるなどの場合は、想定される場所をあらかじめ写真を撮っておくことを考えたが、今回全て接続可能であったため、対応不要となった。

⑵　情報セキュリティの管理

・社内情報管理ポリシーに基づいて運用した。なお、情報セキュリティ担当者と相談し、ポリシーに基づかないと判断されることについては、禁止事項とした。

・今回の内部監査において接続を予定している担当者を確認し、接続許可者として登録した。接続試験の際は、全社環境推進担当者が、あらかじめ登録されている担当からの接続要請かを確認し、接続を許可した。

・内部監査前の接続試験で、参加予定者全員の顔をモニター越しに確認し、参加者のチェックをした。

・画面共有で被監査部門が説明する資料の内容は、部門の責任で判断することとした。

・画面のバーチャル背景機能の使用については、参加者の判断に任せることとしたが、社会常識に違反するような背景は禁止した。

⑶　内部監査に参加する場所

・内部監査リーダーに対しては、情報セキュリティを保持し、かつ、雑音等が内部監査の妨げとならない、人と隔離された場所から参加することを要請した。

・被監査部門の担当者、内部監査員、傍聴者などが社外から参加する場合には、内部監査リーダー同様、人と隔離された場所から参加すること、社内から参加する場合はできる限り会議室を利用すること、自席から参加する場合にはヘッドフォンなどを使用し、他の部員の仕事の妨げにならないように配慮することを指示した。

・スマートフォンで現場を撮影する担当者は出社して対応することとした。

5　内部監査員の事前準備

⑴　基本チェックリスト

・全社環境推進担当者が小中大株式会社の『環境マネジメントシステム簡易マニュアル』を基に、「部門が実施すべき項目」を分かりやすく示すとともに、実施内容または参照すべきファイル名を記載できる欄を追加した基本チェックリスト（**付録1**参照）をあらかじめ作成した。

・被監査部門に基本チェックリストを配布し、内部監査前にチェック項目の結果を記載した「〇〇部門　チェックリスト」を提出させた。チェックリストの該当項目は、可能ならば、実施内容の結果ファイルとリンクさせるように指示した。結果ファイルが紙でしか用意できない場合には、実施証拠事例として、一部PDF化し、チェックリストとリンクさせるように指示した。

⑵ 法規制等の順守評価結果

全社環境推進担当者が、被監査部門に、適用される法規制等の順守状況を評価した結果を「法規制等順守評価表」に記録したものを提出させた。提出させた「法規制等順守評価表」は、事前に内部監査員へ配布し、共有した。

⑶ 内部監査リーダーの準備

全社環境推進担当者から提供された『環境マネジメントシステム簡易マニュアル』、全社の著しい環境側面、環境目標、会社概要の資料、被監査部門の作成した「基本チェックリスト」、「法規制等順守評価表」等をもとに、内部監査の準備をした。

⑷ 内部監査員の準備

小中大株式会社の環境マネジメントシステム関連の文書、記録等は、社内イントラネット上の『良い環境を築く』フォルダに収納されている。被監査部門が提出した「基本チェックリスト」並びに「法規制等順守評価表」も収納されている。各自、『良い環境を築く』フォルダにアクセスし、被監査部門の情報を入手し、内部監査の準備をした。

6 被監査組織の準備

⑴ 全社環境推進担当者の指示への対応

全社環境推進担当者の指示に従い、部門内の内部監査について情報提出した。また、部門の「基本チェックリスト」、「法規制等順守評価表」の作成・提出等の対応をした。

⑵ 内部監査対応の体制準備

部門内での内部監査対応の役割分担を定めた。例えば、部門の全体説明者は本部長等の部門長、運用状況の説明者は環境推進担当者、現場撮影者は現場担当者、法規制等順守評価の説明者は評価表作成者等とした。

このほか、環境推進担当者が、リモートコミュニケーション研修を受けた成果に基づく「リモート内部監査受審時の注意事項」の説明会を、内部監査対応者に対し開催した。

また、スマートフォンで現場を撮影する担当者については、撮影ルートを確認し、機器の接続状況をテストするなどのリハーサルも実施した。

7　内部監査の実施

(1)　全体の流れ

・開始５分前に被監査部門の関係者、内部監査リーダー、内部監査員、傍聴者は、あらかじめ連絡を受けたZoom接続情報にアクセスする。

・全社環境推進担当者が、接続対象者の接続を許可する。

・内部監査リーダーが内部監査の開始を宣言し、被監査部門、内部監査員、傍聴者が顔を写し挨拶をする。基本設定は、話している人以外はマイクオフ（ミュート）、カメラオフであることを確認する。

・現地での内部監査と同じく、質疑応答を繰り返す。被監査部門からの情報は、画面共有により提供される。内部監査リーダーは、内部監査員が被監査部門に質問したい状況になっているかを画面越しでは判断できないことから、まめに追加の質問があるかを確認する。内部監査員はチャット機能を活用し、質問内容を内部監査リーダー及び被監査部門に伝えることも可能である。内部監査員は質問の際は内容を短くまとめ、持論を展開しないよう注意する。対面の場合は、多数の参加者がいても1対1の会話になるが、リモートの場合には1対多（参加者全体）との会話になることに注意する必要がある。

⑵　現場確認

スマートフォンで現場を撮影する場合、周りへの注意がいかなくなることがある。撮影担当者の安全確保は絶対である。撮影担当者が指示に気をとられ、注意力散漫にならないよう、内部監査員は、撮影する内容を分かりやすく指示する必要がある。そのためにも問題が見つかったならば、その事実確認を行い、次の現場の確認に移動することとし、問題点の取扱いの詳細については、現場確認終了後に行う。

⑶　ネット接続障害時の対策

何らかの原因で内部監査実施中に、ネット接続に障害が発生した場合については、あらかじめ、内部監査リーダーまたは内部監査員と被監査部門の環境推進担当者との接続が確保されている場合はそのまま実施、その他の場合には延期することとしていた。

実際の監査では、一時的に音声や画像の遅れが生じることがあったが、時間をかけながら内部監査を続行した。

⑷　内部監査結果の取りまとめ

小中大株式会社の内部監査では、検出された課題を、「課題Ａ（担当内部監査員が修正結果と原因解決の方法を確認する課題）」、「課題Ｂ（担当内部監査員が修正結果と再発防止策を確認する課題）」、「優れた取組（全社環境推進担当が水平展開を実施）」に分類することとしている。「課題Ａ」は法規制違反などすぐに解決する必要がある課題で、「課題Ｂ」は単純なミスなので修正すればよいが、再発防止を考える必要がある課題である。

内部監査結果の取りまとめは、内部監査リーダーが、内部監査員と「内部監査報告書」を画面共有して、短い時間で作成する。作成したら、作成した内容の事実関係について、その場で被監査組織の同意を取る。短時間に作成できるように、「内部監査報告書」は簡便化しておく。

内部監査終了後、内部監査リーダーは、文書の構成を見直し、改めて内部監査員の同意を取り、被監査組織及び環境企画経営責任者へ提出する。

表10に示すように、「内部監査報告書」にて、是正処理等まで完了を確認できるようにしている。

表10　内部監査報告書

<table>
<tr><td>実施日</td><td colspan="5"></td></tr>
<tr><td>被監査部門</td><td colspan="5"></td></tr>
<tr><td>被監査部出席者</td><td colspan="5"></td></tr>
<tr><td>内部監査員</td><td colspan="5"></td></tr>
<tr><td>傍聴者</td><td colspan="5"></td></tr>
<tr><td>所感</td><td colspan="5"></td></tr>
<tr><td rowspan="2"></td><td>内部監査員記入</td><td colspan="3">被監査組織記入</td><td>内部監査員記入</td></tr>
<tr><td>内容</td><td>修正内容</td><td>原因</td><td>原因の解決策</td><td>確認結果</td></tr>
<tr><td>課題Ａ</td><td></td><td></td><td></td><td></td><td></td></tr>
<tr><td rowspan="2"></td><td>内部監査員記入</td><td colspan="3">被監査組織記入</td><td>内部監査員記入</td></tr>
<tr><td>内容</td><td>修正内容</td><td colspan="2">再発防止策</td><td>確認結果</td></tr>
<tr><td>課題Ｂ</td><td></td><td></td><td colspan="2"></td><td></td></tr>
<tr><td></td><td colspan="2">内部監査員記入</td><td colspan="3">全社環境推進担当記入</td></tr>
</table>

	内容	水平展開
優れた取組		

8　検出された課題への対応、9　対応確認

・「課題A」、「課題B」が検出された被監査部門は、修正内容、原因、原因の解決策、再発防止策等の対応を内部監査リーダーへ提出する。

・提出された対応内容について、内部監査リーダーは内部監査員とメール等で協議し、対応内容が適切であればその旨を記載し、被監査組織と環境企画経営責任者へ提出する。問題がある場合は、その内容を記載し被監査組織へ示し、再度対応を求める。これを対応内容が適切になるまで繰り返す。適切になった時点で、環境企画経営責任者へも提出する。

・場合によっては、内部監査リーダー、被監査組織、環境企画経営責任者（または全社環境推進担当）と対応内容について、リモートで協議することもあり得る。

10　経営者（社長）への報告

・内部監査リーダーは内部監査結果の全体像を取りまとめ、環境企画経営責任者へ報告するとともに、環境マネジメントシステム内部監査スケジュールに基づき、内部監査結果説明会（リモート会議）で報告する。

・内部監査リーダーからの内部監査結果に基づき、環境企画経営責任者が社長へ内部監査の状況を説明する。内部監査リーダーはリモートで陪席し、必要に応じて補足やアドバイスをする。

11 その他

(1) 内部監査ルールの改訂

□改訂 1：従来の内部監査ルールは現地での内部監査を想定したものであったので、内部監査におけるリモート内部監査について、新たに定義した。

□改訂 2：環境企画経営責任者等の許可があれば、担当内部監査員以外でも内部監査への参加（傍聴）ができることとした。

□改訂 3：内部監査員の資格基準（経験、内部監査員研修）に「内部監査への参加（傍聴）」を加え、内部監査員資格基準を緩和した。一方、リモートで内部監査をする場合には、環境マネジメントシステムの実務を経験していないと、被監査組織の環境マネジメントシステム運用状況に対して理解と前向きなコメントをすることが困難と想定されることから、リモート内部監査を担当する内部監査員は環境推進者経験者に限定することとした。

□改訂 4：環境企画経営責任者が外部から選定し、社長が承認した有識者を内部監査リーダーとすることができることとした。有識者は、ISO14001審査員、環境マネジメントシステムに関するコンサルタント等である。

(2) その後の内部監査の予定

□新型コロナウイルス感染症の影響は収まっていないので、前年度のリモート内部監査を踏まえて、2022年度においてもリモート内部監査を実施することとした。

□IT環境の変化に伴い、社内では、Microsoft　Teamsを使用したリモート会議が定着したので、2022年度は、内部監査で使用するリモート会議システムをZoomからMicrosoft Teamsに変更した。Zoomについては、2021年度の内部監査での活用実績があることから、バックアップシステムとすることとした。

□チェックリストによる事前確認は内部監査をスムーズに行うために有効であったことから、継続することとした。

□全社環境推進担当者がリモート内部監査の接続を管理していたが、リモート会議が定着したので被監査部門が接続先の設定をし、内部監査員及び傍聴者への接続情報提供を行うこととした。

□内部監査リーダーを外部のEMS主任審査員とすることは、環境に関するさまざまな情報を得ることができるので継続することとした。ただし、2021年度の内部監査で依頼した２名のうち、１名はコミュニケーション能力に課題があると考えられたので、他のEMS主任審査員へ変更した。

□リモート会議の定着に伴い、内部監査員が積極的に発言するようになってきた。組織間の情報交換を積極的に行うために、内部監査終了後に傍聴者からの自組織の事例や悩みを発言する時間を設けることとした。

□内部監査で検出された「課題Ｂ」には、記録ミスや実施忘れなども継続してみられた。環境マネジメントシステムの仕組みの中でこれらの発生を防ぐことが引き続き課題と考える。換言すれば、環境マネジメントシステムの「デジタライゼーション (Digitalization)」または「デジタルトランスフォーメーション (DX)」を行い、内部監査前に検出できるシステムを目指す必要がある。

環境マネジメントシステム運用のための文書類

小中大株式会社が環境マネジメントシステムで利用している文書及び記録類を規格の該当項目とともに**表11**に示す。多くの文書及び記録類が使用されているように見えるが、環境マネジメントシステムを運用するための基本的な文書及び記録類である。

表11　環境マネジメントシステムに使用される文書類等

規格項目	文書、記録、実施手順等
4　組織の状況	□小中大（株）環境マネジメントシステム簡易マニュアル □小中大（株）の外部及び内部の課題 □部門の外部及び内部の課題 □利害関係者のニーズ及び期待
5　リーダーシップ	□より良い環境への道　小中大（株）環境方針
6　計画	□未来を歩く　小中大（株）のリスク及び機会 □未来を歩く　部門のリスク及び機会 □環境に責任　部門環境側面抽出、環境影響評価表 □環境に責任　著しい環境側面 □会社の骨　部門環境関連法規制等調査表 □会社の骨　全社環境関連法規制等一覧表及び順守評価表 □未来の社会のため　著しい環境側面、順守義務、リスク及び機会等の展開表 □世界の未来図を自分で描く　小中大（株）環境目標 □世界の未来図を自分で描く　小中大（株）環境目標実施計画及び進捗状況報告書 □世界の未来図を自分で描く　部門環境目標実施計画及び進捗状況報告書
7　支援	□より強い武器を持つため　小中大（株）教育研修計画 □より強い武器を持つため　部門教育研修計画 □要資格業務者・力量水準・資格一覧表 □教育訓練記録 □より良い環境への道　環境e-ラーニング教材 □身近の絆を深くしよう　小中大（株）コミュニケーション規定 □身近の絆を深くしよう　コミュニケーションの記録（内部、外部） □会社の柱　小中大（株）文書管理規程
	□世界の未来図を自分で描く　小中大（株）環境目標実施計画及び進捗状況報告書 □世界の未来図を自分で描く　部門環境目標実施計画及び進

8　運用	捗状況報告書 □展開表に定めた部門の運用手順書 例えば ・設備管理手順書／・製造設備運用手順書／・開発管理手順書 □環境を汚すな　緊急事態対応手順書 □教育訓練記録 □緊急事態発生・対応報告書
9　パフォーマンス評価	□部門で定めた実施内容を取りまとめた「運用管理・監視測定一覧」基づく管理文書類 □世界の未来図を自分で描く　小中大（株）環境目標実施計画及び進捗状況報告書 □世界の未来図を自分で描く　部門環境目標実施計画及び進捗状況報告書 □会社の骨　小中大（株）環境関連法規制等一覧表及び順守評価表 □内部環境審査計画 □内部環境監査チェック項目表 □部門内部環境監査報告書 □内部環境監査報告書 □「マネジメントレビューの記録」（インプット） □「マネジメントレビューの記録」（社長の判断・指示）
10　改善	□より良くしよう　不適合報告書

第 4 章
リモート内部監査の活用

01 さまざまな組織の形と環境マネジメントシステムの運用体制

現在、一つの拠点の小さな会社から多拠点からなる大きな会社まで、さまざまな規模の組織が環境マネジメントシステム（EMS）を導入している（**図９**）。EMSを実施している組織の拠点数、組織の形態は、さまざまである。

図９　環境マネジメントシステム（EMS）を導入しているさまざまな組織の形

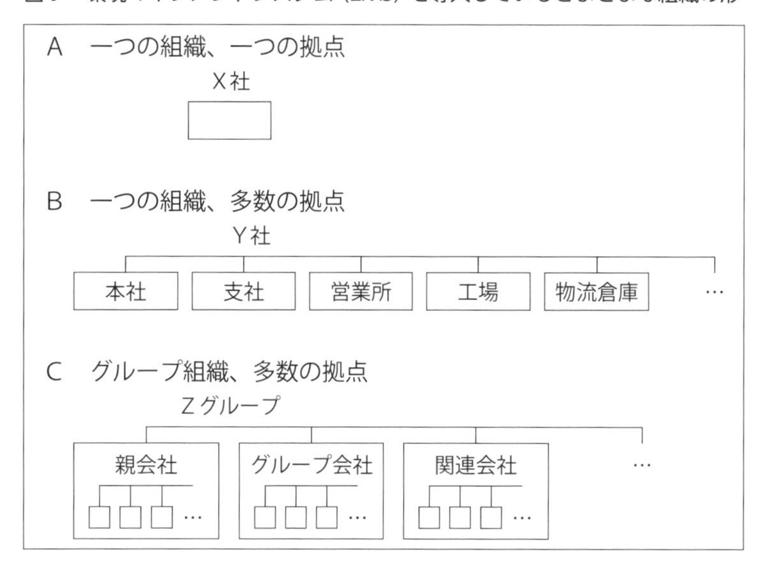

EMS運用体制を構築する場合には、環境パフォーマンスを効率的に向上させる体制とすることが重要であり、EMS運用の部門単位を必ずしも組織の部門体制と一致させる必要はない（**図10—１、10—２、10—３**）。

図10—1　組織の部門をEMSの運用部門としているEMS運用体制事例

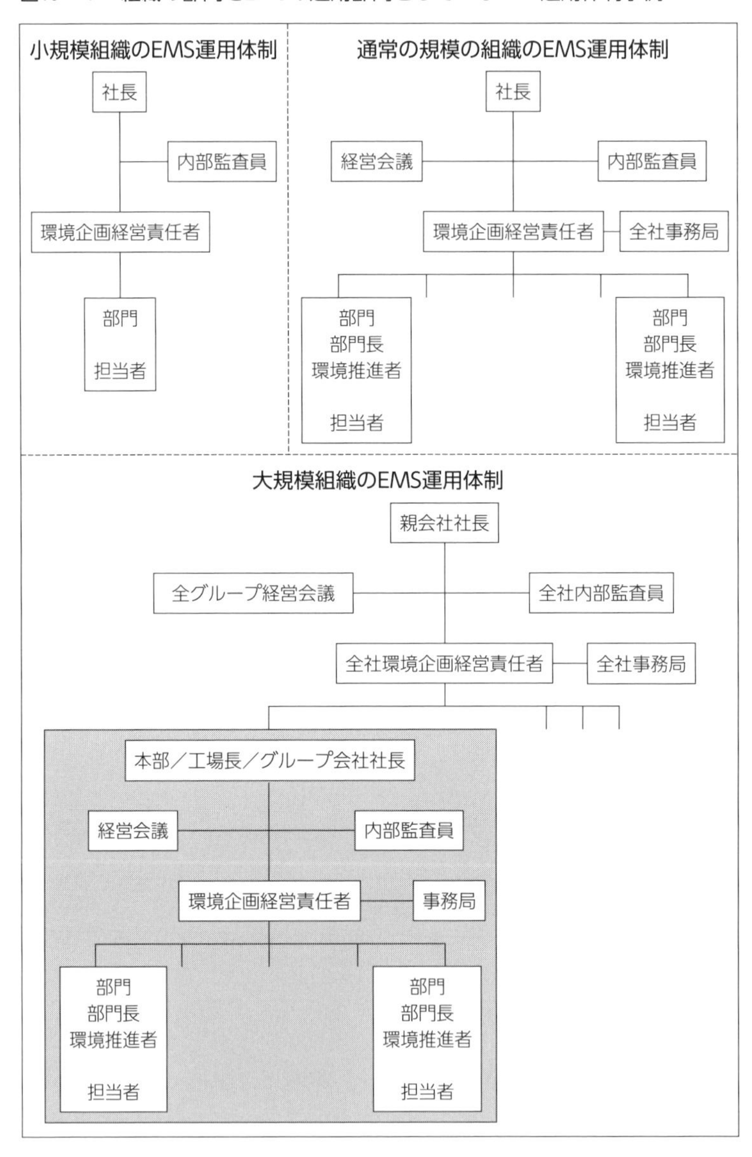

図10―2　類似性のある部門をまとめてEMSの部門とする組織のEMS運用体制事例

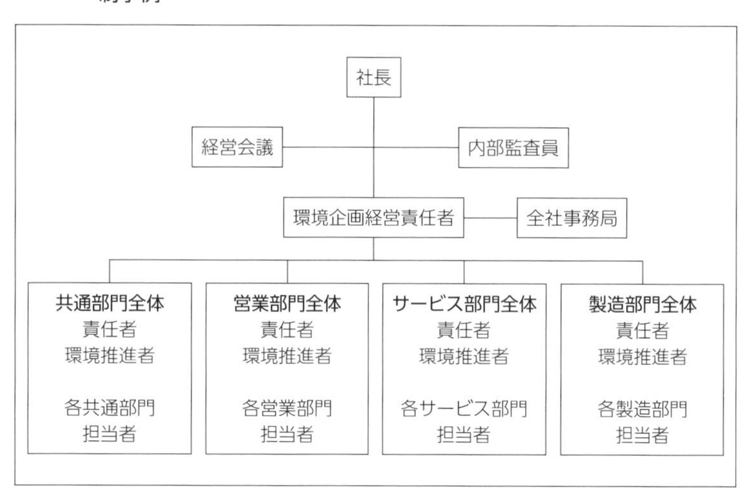

図10―3　部門が各サイトに分散している組織のEMS運用体制事例

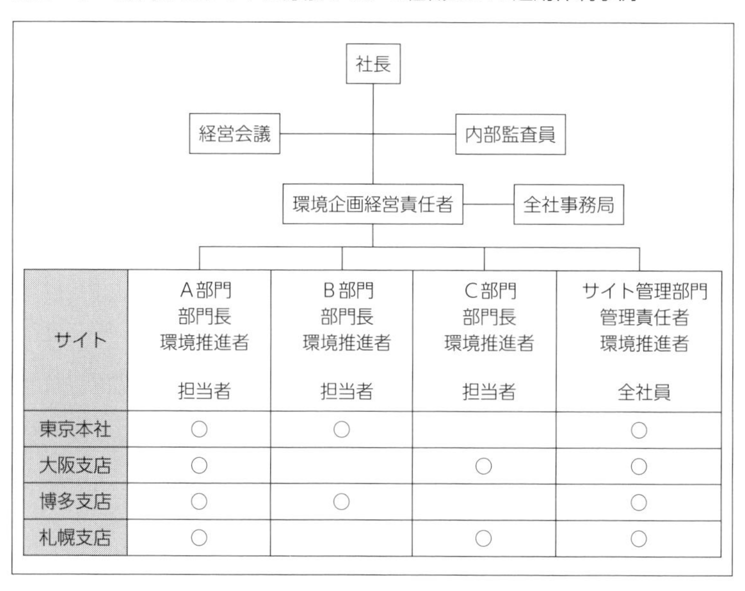

サイト	A部門 部門長 環境推進者 担当者	B部門 部門長 環境推進者 担当者	C部門 部門長 環境推進者 担当者	サイト管理部門 管理責任者 環境推進者 全社員
東京本社	○	○		○
大阪支店	○		○	○
博多支店	○	○		○
札幌支店	○		○	○

02 リモート内部監査の活用

第２章ではリモート内部監査の接続形態の特徴と実施に適した組織について述べ、第３章ではリモート内部監査の具体的な実施事例について述べた。これらの内容を取りまとめ、リモート内部監査を活用する内部監査を考察する。

さまざまな規模の組織が、その規模や形態にこだわらず、環境パフォーマンスを向上させるため、環境マネジメントシステムの運用体制を構築している。そこで重要なのは、どのような目的で、どのような効果をねらって、内部監査を実施するか、という視点である。

特に、リモートで内部監査を実施する場合、これまでの現地での内部監査とは異なる活用方法も可能である。

そこで、本節では、多様な組織が行う、リモート内部監査の活用と効果について、具体例を**表12**に示す。

表12　リモート内部監査を活用する内部監査

活用事例		活用する組織及び目的・効果	内部監査の接続形態の適用（○：主に適用、△：選択適用）			
			集合型	個別分散型	現場実況型	劇場型
	■参加場所に自由度を持たせる内部監査	□新型コロナウイルス感染対策をする組織 □移動に伴うコスト削減、CO_2削減を進める組織	△	○	○	△

内部監査実施領域の拡大	■所属部門は同じであるが多数の拠点で活動しており、環境マネジメントシステムでは全ての拠点を同じ部門として運用している組織をまとめて実施する内部監査	□環境マネジメントシステム上、営業本部に全ての拠点の営業所が組み込まれて運用している組織等 □リモートワークが進み担当者がほとんど出社しないで業務を進めている組織		○	△	
	■現場での監査に制約がある部門の内部監査	□離島など内部監査に天候、交通状況等の影響を受け、内部監査員が現地に計画通り訪問できない可能性がある部門 □高度なセキュリティ、安全性等の理由で外部の立ち入りが禁止されている現場（サーバールーム、クリーンルーム等）		○	○	
専門家の活用の場	■専門家がリモートで参加する内部監査	□内部監査の状況を通して専門家のアドバイスを受ける □専門家の理解を深める	○	○	△	△
情報共有の場	■情報共有の場に活用する内部監査	□経営層 □内部監査員、環境推進担当者 □内部監査対象と類似部門の従業員 □組織の他部門の従業員	△	○	△	○
教育・研修の場	■教育・研修の場に活用する内部監査	□内部監査員、内部監査員候補者研修 □環境推進担当者研修 （録画を活用する場合もある）	△	○	△	○
評価する情報収集の場	■内部監査の状況から人や組織を評価する内部監査	□評価者：経営層、環境管理責任者等 □被評価者：内部監査員、部門責任者、担当者	△	○		○

03 リモート内部監査導入による付加価値のある内部監査

リモート内部監査は、その導入により、現地での内部監査と比べ、組織に多くの付加価値をもたらす。

リモート内部監査は、広がるきっかけとなった新型コロナウイルス感染対策や「移動の削減＝CO_2排出量削減」に加え、多くの可能性を持っている。

内部監査のスケジュールを組みやすくなる、内部監査の被監査部門の組合せが容易になる、専門家を活用できる、教育・研修の場とする、情報共有の場とする、評価情報の収集の場とする等がある。

新型コロナウイルス感染対策（3密の回避）

どのような組織がリモート内部監査を行うにしても、昨今の新型コロナウイルス感染対策として必要な、3密（密閉・密集・密接）を避ける効果はある。個別分散型のリモート内部監査の場合、内部監査員、被監査組織の従業員が異なる場所から内部監査に参加できることから、3密を回避することができる。ただし、組織がすでに実施して予防に成功しているコロナウイルス感染対策があれば、それ以上の3密を避けた状態を内部監査で保つために、リモート内部監査を選択する必要はない。

コスト削減（CO_2排出削減）

リモート内部監査は、内部監査員が現地へ移動する必要がない。移動コスト（移動に伴うCO_2の発生量）を削減できる（**表13**）。IT機器等は通常業務に使用されているPC、モニター、ネットワーク機器等を使用すればよく、リモート内部監査を実施するために新たな設備投資はあまり必要ない。

リモート内部監査実施による移動コスト削減効果は、組織が大きく複雑になるほど内部監査スケジュールの自由度が増すこともあり、大きくなる。

なお、１拠点の組織であれば、内部監査を会議室及び現場など拠点内で実施すればよいので、移動コストは発生しない。外部の人材を内部監査員とする場合に生じる交通費の削減ができること以外、リモート内部監査での移動コスト削減は望めない。

表13　リモート内部監査によるコスト削減（CO_2排出削減）の可能性

<table>
<tr><th>組織のタイプ</th><th>集合型(テレビ会議型)</th><th>個別分散型（被監査組織、監査員）</th></tr>
<tr><td>１組織１拠点</td><td>□組織内で内部監査を実施するので移動削減によるコスト削減効果は望めない</td><td>□小さな組織にとっては、内部監査が複雑になり（会議室の準備、端末等の準備等）コストアップとなる可能性あり
□広い敷地にある大きな組織では、内部監査員及び被監査部門の移動時間が短くなり、稼働時間の削減によるコスト削減の可能性がある</td></tr>
<tr><td>１組織
多数拠点</td><td rowspan="2">□内部監査員の移動が少なくなり、内部監査員の移動コストが削減できる
□各拠点で内部監査を実施するので、被監査組織にとっては、現地での内部監査と変わらないことから、コスト削減効果は望めない</td><td rowspan="2">□内部監査員、被監査部門の移動が少なくなり、コスト削減できる</td></tr>
<tr><td>多数組織
多数拠点</td></tr>
</table>

スケジュール調整の容易性向上

個別分散型では、どこからでも内部監査に参加できる。自宅からでも、出張先からであっても内部監査への参加が可能な、静かで情報セキュリティが保てるIT環境のある場所とIT機器があれば内部監査に参加可能である。

同じ日に、複数の部門の内部監査を予定しても、内部監査員は移動することなく、同じ場所で次の部門の内部監査を実施できる。

現地での内部監査では、内部監査実施のため、部門の責任者、担当者、内部監査員の予定を確保し、内部監査の実施計画を作成するのが大きい組織ほど大変であった。しかし、リモート内部監査は、この実施計画作成の作業負担が、大きい組織ほど軽減される。なお、小さな組織の場合は、もともと実施計画作成に時間はあまりかからないことから、リモート内部監査における作業負担軽減は少ない可能性が高い。

被監査部門の組合せの自由度拡大

図9の組織の形態で示すように、組織はその規模に応じ、さまざまな形で業務を遂行している。例えば、支社等複数の事業所をもつ会社では、一つの部門が同じ場所に加えて、多くの拠点に分散している場合が多い。このような会社で、営業部門全体への指示を本社の営業本部で行い、本部の指示で各支店の営業担当が営業活動を行っている場合に、環境マネジメントシステム上の活動部門を営業本部とし、全ての支店の営業担当を含む形で運用していることがある。また、本社の事業本部が支社の事業部を配下に置き、業務を指示し、環境マネジメントシステム上は事業部ごとに運用している場合もある。

現地での内部審査は拠点ごとに実施することしかできないが、リモート内部監査は営業本部と支店の営業担当を合わせて内部監査することや、数支店の営業担当をまとめて内部監査することが可能となる。同じく事業部制の場合にも、事業本部と拠点の事業部とを合わせて内部監査する、多数拠点の同じ事業部を内部監査することが可能となる。

このように、本部と現場とのつながりの確認が容易にでき、拠点間の環境マネジメントシステムの運用の違いなどを都度確認することなく、効率的に内部監査をすることが可能になる。さらに、日頃連携の機会が少ない拠点間の情報交換が促進されるという利点もある。

多数拠点を持つ会社の場合には、毎年度1拠点ずつサンプルで内部監査し、数年サイクルで全拠点を内部監査している組織が多い。このような組織においても、複数の拠点の内部監査をまとめて実施できるリモート内部監査により、内部監査実施のサイクルを短くできる。

専門家の活用（内部監査の外部委託を含む）

廃棄物の管理、化学物質の管理、適用法規制の順守評価等で内部監査員の力量不足がある場合には、内部監査で外部の専門家のアドバイスを受けることで内部監査の信頼性を高めることができる。

現地で専門家を依頼してアドバイスを受けると、拘束時間に対する対価、交通費などの経費がかかる。しかし、これをリモート内部監査で実施すると、束縛時間が少なくなり、交通費が必要なくなることから、専門家への依頼に対するコストを低くすることができる。

代表的な環境マネジメントシステムの規格の一つであるJIS Q 14001の3.4.1監査（audit）の注記1に、「内部監査は、その組織（3.1.4）自体が行うか、または組織の代理で外部関係者が行う。」と記載されている。つまり、内部監査員は組織に所属していなくてもよいことを規格は定めているのであるが、このことを知らない企業は意外と多いようである。

内部監査員の教育訓練には、時間と費用がかかる。内部監査員を育てる人材も不足しているため、内部監査を実施する企業や内部監査の担当事務局は、その人選に苦労している。

経理や総務業務について外部委託や専門家のアドバイスを受けている組織は多くある。内部監査についても、自組織の内部監査員だけで行うより、外部の専門家を内部監査員として活用するほうが、教育訓練時間、自組織の内部監査員の稼働等を考えると経済的である。特に、人材が少なく人選や育成に苦労している小さな組織において、内部監査を外部委託する経済的効果は高い。

外部の専門家の活用には、内部監査員の一人としてアドバイスを受けることのほか、内部監査全体を外部に委託することも考えられる。いずれにしても、リモート内部監査を活用すれば、時間やコストの制限が少なくなり、委託する内部監査員の幅が広がり、パフォーマンスの高い内部監査ができる可能性がある。

現場での監査に制約がある部門の内部監査

何らかの制約があり、現場での監査をできない場合には、リモート内部監査では、スマートフォンやタブレット等を使用して、現場の担当者が現場を実況することにより、現場の内部監査を実施できる。

例えば、

- 離島など天候、交通状況等の影響を受け、内部監査員が現地に計画通り訪問できない可能性がある部門
- 高度なセキュリティ、安全性等の理由で外部の立ち入りが禁止さ

れている現場（サーバールーム、クリーンルーム等）
等が考えられる。

従来の現地で行う内部監査では確認できなかった現場もモニター越しではあるが目視で確認できる。

教育・研修の場、情報共有の場としての活用

多くの組織では、内部監査員や環境推進担当者を育成するため、外部機関の研修を受講させている。リモート内部監査はこのような外部機関の研修に代わる、新人内部監査員のOJT教育の場となる。外部機関の研修と違い研修会場までの移動がないため、OJT教育への参加の負担が小さくなる。

内部監査では、内部監査員と被監査部門とで、環境マネジメントシステムの運用について詳細に確認が行われる。リモート内部監査では、内部監査に直接関与しない人も遠隔から観覧できる利点を活かし、内部監査員、環境推進担当者、従業員等の教育・研修や情報共有の場として活用することができる。

内部監査の状況を観察し、内部監査の実施者を評価する場とすることも可能となる。

第5章
リモート内部監査のスケジュールと内部監査報告書

第３章「リモート内部監査の実施」で、仮想会社小中大（株）のリモート内部監査スケジュールを示した。仮想会社小中大（株）のリモート内部監査スケジュールは、現地での内部監査を行っていた頃から変わっているようには見えない。

リモート内部監査スケジュールの立案の基本的な考え方は、現地での内部監査と変わらない。①〜⑤の状況と業務上の都合などを考慮して、内部監査対象部門、内部監査実施時期、内部監査を実施する時間、内部監査実施頻度（毎年、隔年等）等の内部監査の具体的なスケジュールを決定する。

① 部門の大きさ
② 環境負荷の大きさ、環境影響の大きさ
③ 法規制の対象
④ 環境目標の管理責任
⑤ 過去の環境事故、苦情、不適合等の発生

しかし、基本的な考え方は変わらないが、リモート内部監査であるため、スケジュール上考慮する必要があるものもある。本章では、リモート内部監査スケジュール立案において、現地での内部監査スケジュール立案と異なる考え方を、第４章「リモート内部監査の活用」で示した環境マネジメントシステム運用体制事例を基に整理する。

中でも、特に留意しなければならないのは、外部の有識者に内部監査員を委嘱する場合には、内部監査員へマニュアル、環境影響評価の結果、法規制一覧表、環境目標、マネジメントレビュー結果、基本チェックリスト実施結果（実施している場合）等の情報を提供すること等である。

01 組織の部門をEMSの運用部門としているEMS運用体制

本節では、組織の部門を環境マネジメントシステム（EMS）の運用部門としている環境マネジメントシステム運用体制におけるリモート内部監査のスケジュールについて、組織の規模別に事例を挙げながら考える。

小規模組織

(1) 想定する会社の状況

小規模な組織のため、社長、環境企画経営責任者及び部門の担当者のコミュニケーションはほぼ直接行われ、社内の風通しは良い。環境企画経営責任者が全体の環境マネジメントシステムを運用している。

テナントビルに入っており、自社が管理すべき廃棄物置場、空調機等はない。

(2) 社長の内部監査への期待

内部監査員から外部の情報を内部監査時に提供してもらい、内部監査を通して従業員全てに環境に対する意識を高めたい、と考えている。小規模組織なのでできるだけ１日での実施を希望している。

(3) 内部監査員

社員数は少なく内部監査員を育成する余裕がないので、内部監査員を外部に委託することとし、現役のISO14001審査員に委託した。委託された外部の内部監査員が、１名で全部門の内部監査を実施する。

⑷　リモート内部監査スケジュール

リモート内部監査のスケジュールは**表14**の通りである。

表14　小規模組織（図10―1　参照）のリモート内部監査スケジュール

日時		内部監査の実施内容
9／1	13：15～ 13：30	□初回会議：内部監査の概要と進め方の説明等 □内部監査員：外部委託（現役のISO14001審査員） □出席者：社長、環境企画経営責任者、出席可能な担当者 □実施形態：全員リモートで出席 ・基本的にリモートワークをしているので、全員リモートで出席している。全ての内部監査をリモートで実施
	13：30～ 15：00	□内部監査対象：環境企画経営責任者 ・画面共有機能を用い、環境マネジメントシステムの運用全般を確認
	15：00～ 15：45	□内部監査対象：出席可能な各部門の担当者 ・各部門の担当者の取組み内容のヒアリング
	15：45～ 16：15	□内部監査報告書作成 □作成担当：内部監査員 ・内部監査のまとめ、報告書作成
	16：15～ 16：55	□終了会議 □出席者：社長、環境企画経営責任者、出席可能な各部門の担当者 □実施形態：全員リモートで出席 ・内部監査員が作成した内部監査報告書を画面共有機能で表示し、内部監査結果を説明する。内容に対するコメントを受け、報告書の承認を得る。

通常規模組織

⑴　想定する会社の状況

本社、製造部門が一つの場所にある製造会社である。会社組織は、企画管理部門、総務部門、営業部門、生産管理部門、製造部門（製造

１課、２課）からなる。環境企画経営責任者が全社の環境の責任者で、企画管理部門の担当者が兼務で事務局をしている。４名の内部監査員がいるが、リモート内部監査の経験はない。企画管理部門、総務部門、営業部門の５割はリモートワークをしているが、生産管理部門、製造部門（製造１課、２課）は出社している。

業務が忙しいので、内部監査は分散して実施する。

⑵ 社長の内部監査への期待

産業廃棄物の管理、法令順守の管理等を充実させたいので、外部の専門家による現状の改善への提言を望む。内部監査がマンネリ化してきているので、内部監査員の意識を変えたい、と考えている。

内部監査の実施の規模としては、全ての部門の内部監査を行い、法令順守の徹底をしたい、と考えている。

⑶ 内部監査員

内部監査リーダーとして、現役のISO14001審査員１名を委託し、組織内の内部監査員４名（A、B、C、D）も一緒に内部監査をすることとした。

⑷ リモート内部監査スケジュール

リモート内部監査のスケジュールは**表15**の通りである。

表15　通常規模組織（図10―１　参照）のリモート内部監査スケジュール

日時		内部監査の実施内容
8／29	10：00～ 11：00	□内部監査の事前ミーティング ・内部監査の実施方法、役割分担、内部監査の指摘基準等の確認 □出席者：環境企画経営責任者、事務局、内部監査リーダー、内部監査員（A、B、C、D）、部門の環境推進者

		□実施形態：集合型と個別分散型の併用 ・事務局、生産管理部門、製造部門、内部監査員（A、B）は会議室に集合、他はリモートで出席
8／30	14：30〜 16：30	□内部監査対象：環境企画経営責任者、事務局 ・全社の環境マネジメントシステムの運用、順法性に関わる記録等を確認 □内部監査員：内部監査リーダー、内部監査員（A、B、C、D） ・最後の30分間で内部監査結果のまとめ、報告書作成、画面共有機能を用いた説明を行い、環境企画経営責任者と結果に関する合意を確認する。
9／5	13：15〜 14：30	□内部監査対象：環境施設 ・廃棄物の管理、危険物の管理、排水の管理等の確認 □説明者：事務局、生産管理の施設担当者 □内部監査員：現場確認（内部監査員A）と現場実況型（内部監査リーダー、内部監査員C）の併用 □現場案内人は生産管理の施設担当者、事務局は付き添い
	14：30〜 16：30	□内部監査対象：生産管理部 ・生産管理部の環境マネジメントシステムの運用、順法性に関わる記録等の確認 □対応者：部門長、環境推進者、ヒアリングの担当者１名（ヒアリング時のみ） ・部門長、環境推進者、内部監査員（A）は会議室に集合、ヒアリング担当者１名、内部監査リーダー、内部監査員（C）はリモートで参加 □内部監査員：内部監査リーダー、内部監査員（A、C） ・最後の30分間で内部監査のまとめ、報告書作成、部門と結果に関する合意を確認する。
	9：15〜 10：45	□内部監査対象：総務部 ・総務部の環境マネジメントシステムの運用、順法性に関わる記録等の確認 □対応者：部門長、環境推進者、ヒアリングの担当者１名（ヒアリング時のみ） ・部門長、環境推進者は会議室に集合、ヒアリング担当者１名、内部監査リーダー、内部監査員（D）はリモートで参加 □内部監査員：内部監査リーダー、内部監査員（D）

		・最後の30分間で内部監査のまとめ、報告書作成、部門と結果に関する合意を確認する。
9／7	10：45～ 12：00	□内部監査対象：営業部 ・営業部の環境マネジメントシステムの運用、順法性に関わる記録等の確認 □対応者：部門長、環境推進者等 ・全員リモートで参加 □内部監査員：内部監査リーダー、内部監査員（B） ・最後の30分間で内部監査のまとめ、報告書作成、部門と結果に関する合意を確認する。
	13：15～ 14：30	□内部監査対象：企画管理部 ・企画管理部の環境マネジメントシステムの運用、順法性に関わる記録等の確認 □対応者：部門長、環境推進者等 ・全員リモートで参加 □内部監査員：内部監査リーダー、内部監査員（A） ・最後の30分間で内部監査のまとめ、報告書作成、部門と結果に関する合意を確認する。
	9：30～ 11：15	□内部監査対象：製造１課 ・製造１課の環境マネジメントシステムの運用、順法性に関わる記録等の確認 □対応者：部門長、環境推進者等 ・部門長、環境推進者、内部監査員（B）は会議室に集合、内部監査リーダーはリモートで参加 □製造１課の環境マネジメントシステムの取組の現場 ・製造１課の担当者のスマートフォンで現場の実況中継による確認を行う。現場の立合は環境推進者、内部監査員（B）、内部監査リーダーはリモートで参加 □内部監査員：内部監査リーダー、内部監査員（B） ・最後の30分間で内部監査のまとめ、報告書作成、部門と結果に関する合意を確認する。
9／9		□内部監査対象：製造２課 ・製造２課の環境マネジメントシステムの運用、順法性に関わる記録等の確認 □対応者：部門長、環境推進者等 ・部門長、環境推進者、内部監査員（B）は会議室に集合、内部監査リーダーはリモートで参加

	13：15～ 15：00	□製造２課の環境マネジメントシステムの取組の現場 ・製造２課の担当者のスマートフォンで現場の実況中継による確認を行う。現場の立合は環境推進者、内部監査員（B）、内部監査リーダーはリモートで参加 □内部監査員：内部監査リーダー、内部監査員（B） ・最後の30分間で内部監査のまとめ、報告書作成、部門と結果に関する合意を確認する。
	15：00～ 16：00	□内部監査全体のまとめ ・内部監査リーダーを中心に内部監査全体についての報告書をとりまとめる。内部監査員（A、B、C、D）はリモートで参加
	16：00～ 16：30	□終了会議 □出席者：環境企画経営責任者、部門長、部門の環境推進者、内部監査リーダー、内部監査員（A、B、C、D） □実施形態：会議室（集合型）またはリモートで参加 ・内部監査リーダーが作成した内部監査報告書を画面共有機能で表示し、内部監査結果を説明する。内容に対するコメントを受け、報告書の承認を得る。

大規模組織

⑴　想定する会社の状況

本部、製造工場、グループ会社など多くの組織をもつ親会社が一つの環境マネジメントシステムとして運用しており、親会社の環境の取組の方針を受けて各工場やグループ会社が環境マネジメントシステムを運用している。親会社（本部）は徹底して、リモートワークを推進している。一方、工場及びグループ会社では、可能な範囲でリモートワークを導入し、リモートワークはそれほど進んでいない。

内部監査の実施状況については、工場及びグループ会社は、従来から独自に内部監査を実施し、その結果を全社環境企画経営責任者へ報告していた。また、親会社は自身の内部監査と製造工場及びグループ会社の環境企画経営責任者及び事務局に対する内部監査を実施していた。

そこで、今回、新たにリモート内部監査を取り入れるにあたり、工場及びグループ会社が実施する内部監査については従来通り実施することとし、実施形態をリモート内部監査とするかは、工場及びグループ会社の判断に任せることとした。そして、親会社が実施する内部監査をリモート内部監査とすることとし、実施頻度については、組織の規模が大きいので、少なくても３年に１回は全ての部門が内部監査を受けることとした。

ここでは、この親会社が実施するリモート内部監査について解説する。なお、工場及びグループ会社がリモート内部監査をする場合は、通常規模組織の内部監査を参考にすると良い。

⑵　親会社社長の内部監査への期待

大きい組織なので社会的に厳しく評価されることもあり、コンプライアンス面（環境法規制関係の法令順守）を確実に確認することを望む。親会社が定めた環境への取組にグループ全体で取り組むことを確実にしたいと考えている。

⑶　内部監査員

親会社社長の意向「親会社が定めた環境への取組にグループ全体で取り組むことを確実にしたい」を受けて、全ての本社部門、工場、グループ会社から内部監査員を選出した。内部監査の実施にあたっては、内部監査員の稼働負荷を考え、３チームに分かれ分担して内部監査を実施することとしたほか、外部の有識者３名を内部監査チームリーダーとして委嘱した。

⑷　リモート内部監査のスケジュール

リモート内部監査のスケジュールは**表16**の通りである。

表16　大規模組織（図10—１　参照）のリモート内部監査スケジュール

<table>
<tr><th colspan="2">日時</th><th colspan="3">内部監査の実施内容</th></tr>
<tr><td></td><td>事前準備</td><td colspan="3">□全ての内部監査をリモート内部監査とすることとした。
□リモート内部監査実施のためのWeb会議システムの設定は被監査組織が行い、リモート内部監査参加者に被監査組織から周知することとした。
□被監査組織は現場確認が必要な箇所がある場合は、タブレットやスマートフォンの準備をし、現場確認をできる体制とした。
□各部門の内部監査終了前に、内部監査チームリーダーは内部監査結果を取りまとめ、画面共有機能を用い、被監査組織の結果に関する合意を確認することとした。</td></tr>
<tr><td>８／29</td><td>10：00～
11：00</td><td colspan="3">□内部監査の事前ミーティング（リモート会議）
・事前ミーティングの設定は全社事務局が行う。
・説明者は内部監査チームリーダーとする。
・内部監査の実施方法、役割分担、内部監査の指摘基準等の確認をする。
□出席者：全社環境企画経営者、全社事務局、各部門の事務局、選出された内部監査員、内部監査チームリーダー</td></tr>
<tr><td>９／５</td><td>13：30～
16：30</td><td colspan="3">□内部監査対象：全社環境企画経営責任者、全社事務局
・グループ全体の環境マネジメントシステムの取組の確認
□内部監査員：内部監査チームリーダーNo１、２、３</td></tr>
<tr><td></td><td>９：30～
11：45</td><td>□内部監査対象：本社Ａ部門
・本社Ａ部門の環境マネジメントシステムの運用、順法性に関わる記録等の確認
□対応者：環境企画経営責任者、事務局、部門の環境推進者等
□内部監査員：内</td><td>□内部監査対象：本社Ｂ部門
・本社Ｂ部門の環境マネジメントシステムの運用、順法性に関わる記録等の確認
□対応者：環境企画経営責任者、事務局、部門の環境推進者等
□内部監査員：内</td><td>□内部監査対象：本社Ｃ部門
・本社Ｃ部門の環境マネジメントシステムの運用、順法性に関わる記録等の確認
□対応者：環境企画経営責任者、事務局、部門の環境推進者等
□内部監査員：内</td></tr>
</table>

9／7		部監査チームリーダーNo 1、選出された内部監査員２～３名	部監査チームリーダーNo 2、選出された内部監査員２～３名	部監査チームリーダーNo 3、選出された内部監査員２～３名
	13：15～15：30	□内部監査対象：本社D部門 ・本社D部門の環境マネジメントシステムの運用、順法性に関わる記録等の確認 □対応者：環境企画経営責任者、事務局、部門の環境推進者等 □内部監査員：内部監査チームリーダーNo 1、選出された内部監査員２～３名	□内部監査対象：本社E部門 ・本社E部門の環境マネジメントシステムの運用、順法性に関わる記録等の確認 □対応者：環境企画経営責任者、事務局、部門の環境推進者等 □内部監査員：内部監査チームリーダーNo 2、選出された内部監査員２～３名	□内部監査対象：本社F部門 ・本社F部門の環境マネジメントシステムの運用、順法性に関わる記録等の確認 □対応者：環境企画経営責任者、事務局、部門の環境推進者等 □内部監査員：内部監査チームリーダーNo 3、選出された内部監査員２～３名
9／8	9：30～11：45	□内部監査対象：グループ会社A ・グループ会社Aの環境マネジメントシステムの運用、順法性に関わる記録等の確認 □対応者：環境企画経営責任者、事務局、部門の環境推進者等 □内部監査員：内部監査チームリーダーNo 1、選出された内部監査員２～３名	□内部監査対象：グループ会社B ・グループ会社Bの環境マネジメントシステムの運用、順法性に関わる記録等の確認 □対応者：環境企画経営責任者、事務局、部門の環境推進者等 □内部監査員：内部監査チームリーダーNo 2、選出された内部監査員２～３名	□内部監査対象：グループ会社C ・グループ会社Cの環境マネジメントシステムの運用、順法性に関わる記録等の確認 □対応者：環境企画経営責任者、事務局、部門の環境推進者等 □内部監査員：内部監査チームリーダーNo 3、選出された内部監査員２～３名

	13：15～15：30	□内部監査対象：グループ会社D ・グループ会社Dの環境マネジメントシステムの運用、順法性に関わる記録等の確認 □対応者：環境企画経営責任者、事務局、部門の環境推進者等 □内部監査員：内部監査チームリーダーNo 1、選出された内部監査員2～3名	□内部監査対象：グループ会社E ・グループ会社Eの環境マネジメントシステムの運用、順法性に関わる記録等の確認 □対応者：環境企画経営責任者、事務局、部門の環境推進者等 □内部監査員：内部監査チームリーダーNo 2、選出された内部監査員2～3名	□内部監査対象：グループ会社F ・グループ会社Fの環境マネジメントシステムの運用、順法性に関わる記録等の確認 □対応者：環境企画経営責任者、事務局、部門の環境推進者等 □内部監査員：内部監査チームリーダーNo 3、選出された内部監査員2～3名
9／9	13：15～16：15	□内部監査対象：工場A ・工場Aの環境マネジメントシステムの運用、順法性に関わる記録、現場確認等の確認 □対応者：環境企画経営責任者、事務局、部門の環境推進者等 □内部監査員：内部監査チームリーダーNo 1、選出された内部監査員2～3名	□内部監査対象：工場B ・工場Bの環境マネジメントシステムの運用、順法性に関わる記録、現場確認等の確認 □対応者：環境企画経営責任者、事務局、部門の環境推進者等 □内部監査員：内部監査チームリーダーNo 2、選出された内部監査員2～3名	□内部監査対象：工場C ・工場Cの環境マネジメントシステムの運用、順法性に関わる記録、現場確認等の確認 □対応者：環境企画経営責任者、事務局、部門の環境推進者等 □内部監査員：内部監査チームリーダーNo 3、選出された内部監査員2～3名

9／13	10：00～ 11：00	□終了会議（リモート会議） ・終了会議の設定は全社事務局が行う。 ・説明者は内部監査チームリーダーとする。 ・内部監査の結果報告を行う。 □出席者：全社環境企画経営責任者、全社事務局、各部門の事務局、選出された内部監査員、内部監査チームリーダー ・内部監査リーダーが作成した内部監査報告書を画面共有機能で表示し、内部監査結果を説明する。内容に対するコメントを受け、報告書の承認を得る。

02 類似性のある部門をまとめてEMSの部門とするEMS運用体制

本節では、類似性のある部門をまとめて一つの環境マネジメントシステム（EMS）の部門としている環境マネジメントシステム運用体制におけるリモート内部監査のスケジュールについて、事例を挙げて考える。

(1) 想定する会社の状況

多数の部門からなる会社で、会社の経営体制と環境マネジメントシステムの運用体制を一致させ、効率的な経営をするために、取締役または執行役員ごとに担当部門をまとめて一つの環境マネジメントシステムの部門としている。会社の経営目標に対する環境マネジメントシステムの部門の目標が明確になる特徴がある。

業務はリモートと出社とを併用して、部門ごとに業務効率が上がるように工夫した勤務体制としている。

(2) 社長の内部監査への期待

大きい組織なので社会的に厳しく評価されることもあり、コンプライアンス面（環境法規制関係の法令順守）を確実に確認すること望む。類似性のある大きな部門でまとめて環境マネジメントシステムを運用しているので、会社で定めた環境への取組に向けて、部門全体で取り組むことを確実にしたいと考えている。

(3) 内部監査員

社長の意向「会社で定めた環境への取組に向けて、部門全体で取り組むことを確実にしたい」を受けて、各部門から内部監査員を２名以上選出した。内部監査の実施にあたっては、内部監査員の稼働負荷を考え、外部の有識者を内部監査リーダーとして委嘱した。

⑷　リモート内部監査のスケジュール

リモート内部監査のスケジュールは、**表17**の通りである。

表17　類似性のある部門をまとめて環境マネジメントシステムの部門とする組織（図10―２　参照）のリモート内部監査スケジュール

日時		内部監査の実施内容
	事前準備	□全ての内部監査をリモート内部監査とすることとした。 □リモート内部監査実施のためのWeb会議システムの設定は被監査組織が行い、リモート内部監査参加者に被監査組織から周知することとした。 □被監査組織は、現場確認が必要な箇所がある場合には、タブレットやスマートフォンの準備をし、現場確認をできる体制とした。 □環境に関する取組について担当者が取組内容を説明するように指示した。 □各部門の内部監査終了前に、内部監査チームリーダーは内部監査結果を取りまとめ、画面共有機能を用い、被監査組織の結果に関する合意を確認することとした。
８／29	10：00〜11：00	□内部監査の事前ミーティング（リモート会議） ・事前ミーティングの設定は全社事務局が行う。 ・説明者は内部監査チームリーダーとする。 ・内部監査の実施方法、役割分担、内部監査の指摘基準等の確認をする。 □出席者：全社環境企画経営責任者、全社事務局、各部門の推進者、選出された内部監査員、内部監査リーダー
８／30	14：30〜16：30	□内部監査対象：全社環境企画経営責任者、全社事務局 ・全社の環境マネジメントシステムの運用、順法性に関わる記録等の確認 □対応者：全社環境企画経営責任者、全社事務局 □内部監査員：内部監査リーダー、内部監査員（各部門選出１名計４名）

9／5	9：30～ 12：00	□内部監査対象：共通部門全体 ・共通部門全体の環境マネジメントシステムの運用、順法性に関わる記録等の確認 ・環境施設の確認（廃棄物の管理、危険物の管理、排水の管理等） □対応者：部門の責任者、環境推進者、設備担当者、環境に関する取組の担当者等 □内部監査員：内部監査リーダー、内部監査員（営業部門およびサービス部門選出）
	13：15～ 15：00	□内部監査対象：営業部門全体 ・営業部門全体の環境マネジメントシステムの運用、順法性に関わる記録等の確認 □対応者：部門の責任者、環境推進者、設備担当者、環境に関する取組の担当者等 □内部監査員：内部監査リーダー、内部監査員（サービス部門及び製造部門選出）
9／7	9：30～ 12：00	□内部監査対象：サービス部門全体 ・サービス部門全体の環境マネジメントシステムの運用、順法性に関わる記録等の確認 □対応者：部門の責任者、環境推進者、設備担当者、環境に関する取組の担当者等 □内部監査員：内部監査リーダー、内部監査員（製造部門および共通部門選出）
	13：15～ 15：30	□内部監査対象：製造部門全体 ・製造部門の環境マネジメントシステムの運用、順法性に関わる記録等の確認 ・環境施設の確認（廃棄物の管理、エネルギーの管理、危険物の管理、排水の管理等） □対応者：部門の責任者、環境推進者、設備担当者、環境に関する取組の担当者等 □内部監査員：内部監査リーダー、内部監査員（共通部門および営業部門選出）
	15：30～ 16：30	□内部監査のまとめ ・内部監査リーダーを中心に内部監査報告書をとりまとめる。内部監査員はリモートで参加する。
		□終了会議：会議室（集合型）またはリモートで参加 ・終了会議の設定は全社事務局が行う。

	16：30～ 17：00	□出席者：全社環境企画経営責任者、全社事務局、各部門の環境推進者、選出された内部監査員、内部監査リーダー ・内部監査リーダーが作成した内部監査報告書を画面共有機能で表示し、内部監査結果を説明する。内容に対するコメントを受け、報告書の承認を得る。

03 多くの部門が各サイトに分散している組織のEMS運用体制

本節では、多くの部門が各サイトに分散している組織の環境マネジメントシステム（EMS）運用体制におけるリモート内部監査のスケジュールについて、事例を挙げて考える。

⑴ 想定する会社の状況

本社、支店はテナントビルに入居し、ビルの廃棄物の分別ルールに従って廃棄物を排出している。リモートでの業務や外部への経理などを業務委託する場合も多いため、各サイトでの紙ゴミや電気使用量の削減等ができない。

商社、IT会社、サービス会社等にある体制で、製造業には少ない。顧客や市場に対応して、部門の再編成もあり得るアメーバ的な形態とも言える。

⑵ 社長の内部監査への期待

紙ゴミや電気使用量削減から卒業し、経営に寄与する環境マネジメントシステムとしたいが、従業員の流動性が高く、内部監査員を含め環境マネジメントシステムに携わる人材育成が進まない。内部監査を通して、人材育成と部門の環境問題に関する意識を高めたいと考えている。

⑶ 内部監査員

社長の意向の「人材育成と環境問題に関する意識を高める」を受けて、内部監査員を各部門の環境推進者とし、外部から、ISO14001の審査に長年携わってきたベテラン審査員に内部監査リーダーとして委託した。

⑷　リモート内部監査のスケジュール

リモート内部監査のスケジュールは**表18**の通りである。

表18　多く部門が各サイトに分散している組織（図10―３　参照）のリモート内部監査スケジュール

日時		内部監査の実施内容
		□全て内部監査をリモート内部監査とすることとした。 □リモート内部監査実施のためのWeb会議システム設定は全社事務局が行い、リモート内部監査参加者に周知した。 □内部監査の頻度については、サイト管理部門の東京本社は毎年、支店は３年に１回とした。 □現場確認については、廃棄物の分別状況を確認するため、環境推進者が出社してタブレットやスマートフォンで現場確認をできる体制とした。 □環境に関する取組について担当者が取組内容を説明するように指示した。 □各部門の内部監査終了前に、内部監査チームリーダーは内部監査結果を取りまとめ、画面共有機能を用い、被監査組織の結果に関する合意を確認することとした。
8／29	10：00～ 11：00	□内部監査の事前ミーティング（リモート会議） ・事前ミーティングの設定は全社事務局が行う。 ・説明者は内部監査チームリーダーとする。 ・内部監査の実施方法、役割分担、内部監査の指摘基準等の確認をする。 □出席者：全社環境企画経営責任者、全社事務局、各部門の環境推進者（内部監査員）、内部監査リーダー
8／30	9：30～ 11：30	□内部監査対象：全社環境企画経営責任者、全社事務局 ・全社の環境マネジメントシステムの運用、順法性に関わる記録等の確認 □対応者：全社環境企画経営責任者、全社事務局 □内部監査員：内部監査リーダー、内部監査員（各部門の環境推進者）

<table>
<tr><td rowspan="2">9／5</td><td>9：30〜
11：30</td><td>□内部監査対象：サイト管理部門（東京本社、博多支店）
・共通部門全体の環境マネジメントシステムの運用、順法性に関わる記録等の確認
・廃棄物の分別状況の確認
□対応者：管理責任者、環境推進者、東京本社及び博多支店の担当者等
□内部監査員：内部監査リーダー、内部監査員（A部門の環境推進者）</td></tr>
<tr><td>13：15〜
15：00</td><td>□内部監査対象：A部門
・A部門全体の環境マネジメントシステムの運用、順法性に関わる記録等の確認
□対応者：部門長、環境推進者、環境に関する取組の担当者等
□内部監査員：内部監査リーダー、内部監査員（B部門の環境推進者）</td></tr>
<tr><td rowspan="4">9／6</td><td>10：00〜
11：30</td><td>□内部監査対象：B部門
・B部門全体の環境マネジメントシステムの運用、順法性に関わる記録等の確認
□対応者：部門長、環境推進者、環境に関する取組の担当者等
□内部監査員：内部監査リーダー、内部監査員（C部門の環境推進者）</td></tr>
<tr><td>13：15〜
14：45</td><td>□内部監査対象：C部門
・C部門全体の環境マネジメントシステムの運用、順法性に関わる記録等の確認
□対応者：部門長、環境推進者、環境に関する取組の担当者等
□内部監査員：内部監査リーダー、内部監査員（サイト管理部門の環境推進者）</td></tr>
<tr><td>14：45〜
15：45</td><td>□内部監査のまとめ
・内部監査リーダーを中心に内部監査報告書をとりまとめる。内部監査員はリモートで参加する。</td></tr>
<tr><td>16：30〜
17：00</td><td>□終了会議：会議室（集合型）またはリモートで参加
・終了会議の設定は全社事務局が行う。
□出席者：全社環境企画経営責任者、全社事務局、管理責任者、各部門の部門長、環境推進者、内部監査リーダー
・内部監査リーダーが作成した内部監査報告書を画面共有機能で表示し、内部監査結果を説明する。内容に対するコメントを受け、報告書の承認を得る。</td></tr>
</table>

04 内部監査報告書の作成

本書で示した内部監査スケジュールでは、基本的に内部監査当日の時間内に内部監査報告書を作成することとしている。

部門の内部監査報告書を作成するには、その必要性を十分に理解するとともに報告書を作成するノウハウを取得する必要がある。

まず、その必要性についてだが、これを理解するためには、なぜ、時間内に内部監査報告書を作成する必要があるのかを考える必要がある。

第一の理由は、被監査組織の確認を内部監査時間内に得る必要があるからである。

第二の理由は、被監査組織、内部監査員等の内部監査に参加した人は次に仕事を抱えているからである。次の仕事に影響しないためにも、時間内に内部監査を終えねばならない。最悪、たとえ内部監査が途中であっても、時間内に終了することが必須である。業務に支障を与えてはならない。このような場合、確認できたところまでで、内部監査を終了することになってしまう。第一の理由に挙げた被監査組織の確認までを時間内に終えるよう、時間管理には気をつけたい。

では、どうしたら、内部監査報告書を時間内に作成できるのか。内部監査報告書作成のノウハウとして、内部監査報告書の例を第３章の**表10**に示した。ポイントは以下の通りである。

① あらかじめ記入できる事項は全て記入しておく。

内部監査時に記入する項目は、「所感」、「課題A」、「課題B」、「優れた取組」だけになる。

② 「課題A」、「課題B」は、「悪い事実」と「改善すべき仕組みまたは方向性」を示すだけで良い。長さは最長でも数行とする。名文（迷文）である必要は全くない。例えば、以下のような箇条書きが望ましい。

・「○○法」の内容が特定されていない。修正と特定されなかった原因と解決策の確認を行うこと。

・「○○」の環境目標の未達成原因の考え方が従来と同じである。いつまでも改善されないので、別の原因を考え対策すること。

このように簡潔に記述するためには、あらかじめ被監査組織から提出される原因の解決策、及び再発防止策について善し悪しの判断をする基準を決めておく必要がある。提案された内容の善し悪しを判断できないような課題を提示しないことが重要である。

③ 内部監査は、リーダーだけでしているのではないので、内部監査員メンバーからのコメントをできるだけ素早く吸い上げることが必要である。そのためには、Web会議システムのチャット機能を活用するとよい。メンバーには気が付いた点があれば、チャットに記入することを指示し、リーダーはチャットの内容を「所感」、「課題A」、「課題B」、「優れた取組」に振り分ける。内部監査報告書にはコピー＆ペーストで貼り付ける。

④ 内部監査リーダーは、内部監査員メンバーの合意を得つつ、迅速に報告書を取りまとめる。

⑤ リーダーはメンバーに発言させ、報告書に記載すべきことを整理することに頭を使う。相手と会話しながらまとめることは

困難である。

⑥ 「所感」、「課題A」、「課題B」、「優れた取組」に記載する候補が特定されたならば、必ず、再度、ゆっくりと話して、被監査組織側と事実確認をする。事実確認が取れた内容については、あらかじめチャットにメモすることをメンバーに依頼しておく。

⑦ リーダーは報告書（案）を画面共有機能で提示し、被監査組織側との合意を図る。

以上のことは、リモート内部監査に限ったことではなく現地での内部監査でも同じである。リーダーとメンバーが協力して内部監査をすれば、時間内に内部監査報告書を作成することは可能である。外部から委託された専門家が内部監査リーダーをつとめる場合、リーダーから頼まれたことをメンバーは積極的に役目を果たしてほしい。内部監査員としての実力を付けるチャンスである。

第6章
内部監査の将来像

01　内部監査の果たす役割のレベルアップ
02　デジタル技術を活用する内部監査を含む環境マネジメントシステムの将来像
03　DX内部監査

リモートで新たに内部監査を実施する組織が、増えてきている。ISO 14001の審査でも、リモート審査のメニューがない審査登録機関はない状況である。

使用する技術が大きく変わるときには、その時点での技術的な効果に加えて、新技術が使われる分野、役割、市場等について、原点に戻って考える必要がある。多くの場合、原点は変わらなくても、新技術により関連する分野、役割、市場等が大きく変化する。変化を捉え、将来、自社にとってどのような影響があるかの予測に基づき、組織・仕組みを変化させることが重要となる。

例えば、「音楽」業界で起こった、新技術による変化を例として考えてみよう。

・ステージ１：劇場で多くの人が「音楽」を聞いて楽しむことができるようになった。

・ステージ２：ラジオにより、多くの人が「音楽」を聞いて楽しむことができるようになった。

・ステージ３：レコードにより、個人が「音楽」を特定の場所でいつでも個別に聞いて楽しむことができるようになった。

・ステージ４：CD、ラジカセ、ウォークマン等により、個人が「音楽」をどこでもいつでも個別に聞いて楽しむことができるようになった。

・ステージ５：インターネットが普及し、情報発信・入手が手軽にできるようになったことにより、個人が「音楽」をどこでもいつでも個別に聞くとともに、発信して楽しむことができるようになった。

誰でもがどこでもいつでも聴衆になり、または演奏家（歌手を含む）になり、人に感動を与えるという「音楽」の根本的な役割は変わっていない。しかし、「音楽」にかかわる機器、産業分野が常に変化するとともに飛躍的に大きくなっている。このような流れに適切に対応し変化する組織が大きな利益を上げている。

繰り返すが、「音楽」業界を例に挙げたように、新しい技術を活用することにより、物事の本質は変わらないが、実現方法が大きく変わり、もたらす影響も大きく変化する。内部監査も、リモートという新しい技術を活用することにより、その本質は変わらなくても、その特徴に応じて大きく変化すると予想される。だからこそ、内部監査の役割を改めて考えることが重要である。

01 内部監査の果たす役割のレベルアップ

内部監査とPDCAモデル

JIS Q 14001：2015では、監査とは「監査基準が満たされている程度を判定するために、監査証拠を収集し、それを客観的に評価するための、体系的で、独立し、文書化したプロセス」とし、内部監査は、「その組織自体が行うか、または組織の代理で外部関係者が行う」と定めている。さらに、「決められた間隔で、組織が規定した要求事項、規格の要求事項に適合し、環境マネジメントシステム（EMS）が有効に実施され、維持されていること」を確認した内部監査結果が、トップマネジメントへ報告される。

組織ごとにそれぞれの風土に応じた文化があるように、組織における内部監査の役割はそれぞれの組織によって異なる。しかし、内部監査は、Plan-Do-Check-ActモデルのCheck（パフォーマンス評価：監視、測定、分析及び評価／内部監査／マネジメントレビュー）に位置付けられる行為であり、Act（改善）に向けて重要な改善の機会を提供するという本質は変わらない（**図11**）。

図11　Plan-Do-Check-Actモデルと規格の枠組みとの関係

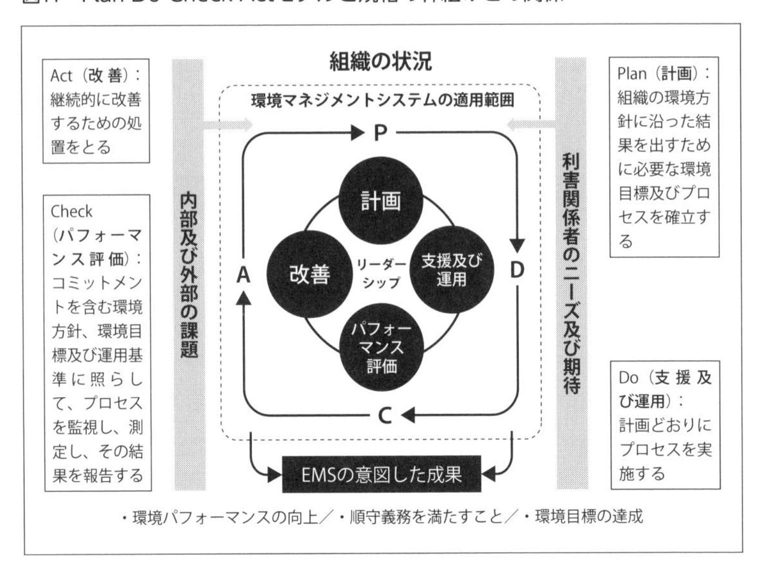

内部監査の果たす役割のレベルアップモデル

著者は、組織の仕組み（プロセス）及び環境パフォーマンスの適切性を確認して組織の経営に役立てる、内部監査の役割が、環境マネジメントシステムのレベルとともに変わると考えている。拙著『改善に活かす！　ISO14001：2015年版への移行と運用の実務クイックガイド』（第一法規、平成29年）で示した内部監査の果たす役割のレベルアップモデルを再掲する（**図12**）。

内部監査の果たす役割は、第一～五ステップでレベルアップすると考える。

環境マネジメントシステム構築当初の内部監査は第一ステップであり、その役目は、環境マネジメントシステムに対する理解の組織内への浸透である。

図12　内部監査の果たす役割のレベルアップモデル

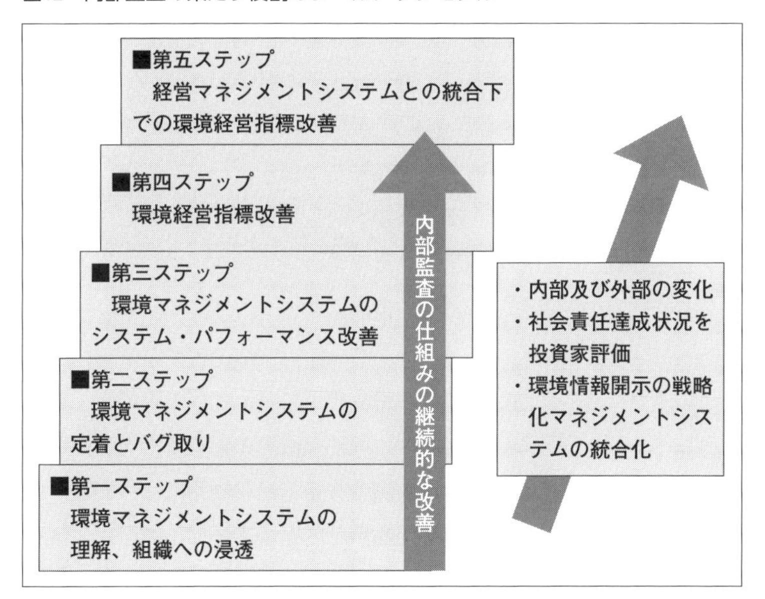

環境マネジメントシステムに対する組織内の理解と浸透が進めば、第二ステップとして、環境マネジメントシステムの定着と、不具合があればその原因を特定して修正するバグ取りが内部監査の役目となる。

環境マネジメントシステムの定着とバグ取りが終われば、第三ステップとして、内部監査の役割は環境マネジメントシステムそのものの効率化等の改善及び環境パフォーマンス改善に進む。

令和３年10月に策定された「地球温暖化対策計画」に、2050年の温室効果ガスの排出実質ゼロ（カーボンニュートラル：CN）目標や、それに向けて2030年度に2013年度比で温室効果ガス46％削減目標などが明記されたことを受け、現在、地球環境問題（温暖化対策、資源対策、化学物質対策等）が経営に直結してきているため、環境問題に関する事項が、ビジネス機会の拡大、リスク削減等の経営課題となってきている。特に、東証プライム市場上場会社の場合、TCFD（気候関連財務情報開示タスクフォース）またはそれと同等の枠組みに基づいて、気候変動に関するリスク・機会による自社の収益への影響の開示の充実を進めることが求められている。そこで、第四ステップとして、環境経営指標改善に資する内部監査が必要となってくる。

第五ステップとしては、環境問題への取組みが経営マネジメントシステムとの統合のもとで運用される環境経営指標改善に資するとともに、その内容の評価をする内部監査が必要となってくる。

このように、内部及び外部の環境変化に応じて内部監査の果たす役割をレベルアップしていくことは、内部監査での監査基準並びに環境マネジメントシステムが有効に実施されることの評価に社会的責任達成状況の投資家の評価、環境情報開示の内容の適切性を踏まえて戦略的にマネジメントシステムを統合化していくこと等も含んでくる。将来的な予測に基づき、自社の内部監査の仕組みを継続的に改善していくことが重要である。

経営マネジメントシステムと内部監査

リモートで内部監査を実施できる現在は、本章冒頭で例に挙げた「音楽」業界のどこのステージに相当するかを考える。これまで、本書では、第１章～第５章でリモート内部監査の可能性を示した。これは、前述の「音楽」業界の例でいうと、「ステージ４（個人が個別にいつでもどこでも音楽を楽しむ）」、「ステージ５（個人が個別にいつでもどこでも音楽を楽しみ発信する）」に相当すると考えられる。

もちろん、「音楽」を１人で演奏して楽しむ人、劇場で楽しむ人、ラジオで楽しむ人、インターネットで楽しむ人などと楽しみ方の幅が広がっただけで、全ての人が「ステージ４」「ステージ５」の楽しみ方をする必要はない。

同様に、リモート内部監査が手軽にできる現在は、組織が内部監査を実施する方法の選択の幅が広がった。従来通り、現地での内部監査を選択するのか、リモート内部監査を選択するか、あるいはそのハイブリッド型とするのかの判断をするのは経営層である。組織の経営にデジタルトランスフォーメーション（DX）化の導入が急速に進んでいる。この流れと切り離して考えるのではなく、リモート内部監査の選択は単に移動の削減だけではなく、経営マネジメントシステムの改善と合わせて考えることが重要である。

著者の経験では、現在、多くの組織の内部監査は第一から第三ステップの段階にある。さらに、そこからどのように内部監査をステップアップしていくのか、悩んでいる組織も多い。

そこで、リモート内部監査に限定しない一般的な内部監査のプロセスと重要なポイント（**付録 2**）、組織の複雑性に応じた内部監査員の選択及び内部監査実施事例（**付録 3**）、内部監査結果の評価事例（**付録 4**）を付録とした。内部監査を環境マネジメントシステムのパフォーマンス改善に役立てたい組織はもちろん、さらに内部監査の将来像として、環境経営指標の改善（第四ステップ）や、経営マネジメントシステムとの統合下で運用する中で環境経営指標の改善（第五ステップ）を目指すうえでの参考としてほしい。

内部監査の仕組みをレベルアップさせることは、組織の環境マネジメントシステムのレベルアップにとって重要である。ISO14001認証取得から長期間に亘って内部監査の仕組みを変えていない組織は、マンネリ化した内部監査になっていることが多い。しかし現在、リモート内部監査が簡単に実施可能な時代になっていることを契機に、内部監査の仕組みの見直しをすることにより、マンネリを打破し、内部監査を経営課題の解決のためのきっかけとしていく可能性が広がる。
その場合、規格の外部審査への影響を考える必要はない。仮に、内部監査の仕組みの変更が「不適合」となったら、改善のよい機会と捉えて、「不適合」の判断基準に対応すればよいことに過ぎない。外部審査員の「不適合」の判断基準に納得できない場合には、審査登録機関に問い合わせし、それでも納得できない場合には、考え方が同じ審査登録機関に変更すればよい。

組織の環境マネジメントシステムを審査登録機関の考え方に合わせる必要はなく、組織に合った審査登録機関を選択することが重要である。
これまでみてきたリモート内部監査の特徴を活かし、活発な内部の情報交換・情報活用、外部の専門家の活用等を取り入れたリモート内部監査をきっかけに、多くの組織が取り組んでいるデジタルトランスフォーメーション（DX）に内部監査システムを組み込むことにより、内部監査の第四ステップ、第五ステップが実現すると考える。

02 デジタル技術を活用する内部監査を含む環境マネジメントシステムの将来像

著者は、外部審査で、分厚いファイルを何冊も用意して対応する組織、紙の資料を全く使用しないでデータベースにアクセスしモニターやプロジェクターで投影することで対応する組織、紙とモニターやプロジェクターを組み合わせて対応する組織など、さまざまな文書類の確認共有方法を経験している。近年はモニターやプロジェクターで対応する組織が増えてきている。また、紙でのデータ集計や決裁から、Webを活用したデータ集計や電子決裁も少しずつ増えてきている。しかし、これらの技術も審査の実施方法へ大きな影響を与えるまでになっておらず、内部監査においても、文書記録の確認を紙で行うかモニターやプロジェクターで行うかの違いに過ぎない。

このように、現時点では、環境マネジメントシステムを運用するために準備する基本的な文書類等に大きな違いは見られないが、将来的には、デジタルトランスフォーメーション（DX）を活用していくことも考えられる。これについては、次節で詳述するが、本節ではまず、デジタル技術を活用する内部監査の将来像について考える。

DXの進展と内部監査

『デジタルトランスフォーメーションを推進するためのガイドライン（DX推進ガイドライン）』（平成30年12月　経済産業省）では、「あらゆる産業において、新たなデジタル技術を利用してこれまでにないビジネスモデルを展開する新規参入者が登場し、ゲームチェンジが起きつつある。こうした中で、各企業は、競争力維持・強化のために、デジタルトランスフォーメーション（DX：Digital Transformation）をスピーディーに進めていくことが求められている」としている。
　さらに、『DXレポート　～ITシステム「2025年の崖」の克服とDXの本格的な展開～』（平成30年９月７日　デジタルトランスフォーメーションに向けた研究会）では、DXを実現するための課題を克服できない場合には、2025年以降、最大12兆円／年（現在の約３倍）の経済損失が生じる可能性（2025年の崖）を予測している。

　変化することを予測しても、なかなか変化の中には踏み出せないのが組織（人）である。Web会議システム（テレビ会議システム）は新型コロナウイルスが蔓延する前からあった。しかし、利用は一部の企業に限られており、いずれは、リモートでの会議や仕事が一般的になるであろうとの予測の域でしかなかった。
　しかし、新型コロナウイルスの蔓延を機に、一気に情勢が変わった。あらかじめリモート化について何らかの準備をしていた組織は速やかに対応できた。しかし、多くの企業は準備ができておらず、対応に苦慮することとなった。
　現在、多くの企業がリモートワークやその他の業務のデジタル化に取り組んでいる。この流れは今後、ますます強くなっていくと想定され、組織はDX化への対応を迫られることとなる。

　環境マネジメントシステムは組織の経営システムの一つである。組織がDXに踏み込むと、必然的に環境マネジメントシステムもDXに巻き込まれる。内部監査も同様である。

　デジタル化は、第１段階「デジタイゼーション（Digitization）」、第２段階「デジタライゼーション（Digitalization）」、第３段階「デジタルトランスフォーメーション（DX）」の段階で進んでいくと予想

コラム：デジタル化

現在、世の中で使われている「デジタイゼーション（Digitization）」「デジタライゼーション（Digitalization）」「デジタルトランスフォーメーション（Digital Transformation）」の定義は厳密には一致しておらず、使い方も人や場面によってまちまちであるが、『令和３年　情報通信白書』（総務省）では、以下のように整理されている。

> デジタイゼーション（Digitization）
> 既存の紙のプロセスを自動化するなど、物質的な情報をデジタル形式に変換すること

> デジタライゼーション（Digitalization）
> 組織のビジネスモデル全体を一新し、クライアントやパートナーに対してサービスを提供するより良い方法を構築すること

> デジタルトランスフォーメーション（Digital Transformation）
> 企業が外部エコシステム（顧客、市場）の劇的な変化に対応しつつ、内部エコシステム（組織、文化、従業員）の変革を牽引しながら、第3のプラットフォーム（クラウド、モビリティ、ビッグデータ／アナリティクス、ソーシャル技術）を利用して、新しい製品やサービス、新しいビジネスモデルを通して、ネットとリアルの両面での顧客エクスペリエンスの変革を図ることで価値を創出し、競争上の優位性を確立すること

されている。

これを内部監査に当てはめるとどのようになるか、考えてみよう。

著者が予想する「DXの進展と内部監査実施形態の変化」を**表19**に示す。もちろんこれは、一つのモデルであって、実際には組織の状況に合わせて混在して進んでいくと考える。

表19　DXの進展と内部監査実施形態の変化

デジタル化の進展		環境マネジメントシステムの状態	想定される内部監査実施形態
□第１段階 デジタイゼーション (Digitization)	□アナログ・物理データのデジタルデータ化(業務プロセスの変化はない) (例) ・紙で管理しているデータをデジタル化し活用	□ペーパーレスでの運用 □Webでの情報伝達、情報入力	【内部監査員が担当】 □ペーパーレス内部監査 □リモートでの内部監査
□第２段階 デジタライゼーション (Digitalization)	□個別の業務・製造プロセスのデジタル化 (例) ・RPAを導入し事務作業等を自動化・効率化 ・IoT、ロボットの活用により、監視測定、製造、メンテナンス等をリモート化	□環境マネジメントシステムに関係する監視・測定の自動化、データ分析の人工知能活用 □報告書等の自動評価	【内部監査員と人工知能が担当】 □人工知能にサポートされた内部監査 □環境マネジメントシステムのデジタライゼーションした機能の結果やアルゴリズムの評価
□第３段階 デジタルトランスフォーメーション (DX：Digital	□組織横断／全体の業務・製造プロセスのデジタル化、“顧客起点の価値創出”のための事業やビジネスモデルの	□組織の経営システムに取り込まれて運用	【人工知能が担当】 □人工知能による内部監査 □新たな方向性

Transformation)	変革 (例) ・建設生産における全工程を一元管理し、課題の発見や最適なオペレーションを選択		の提案 【内部監査員と人工知能が担当】 □経営システムの中で環境マネジメントシステムが適切に運用されているかの評価

第1段階「デジタイゼーション(Digitization)」は、紙で管理しているデータをデジタル化してWebでの情報伝達等により内部監査員がペーパーレスで運用している段階、第2段階「デジタライゼーション(Digitalization)」は、ロボティック・プロセス・オートメーション(Robotic Process Automation、(RPA))等を導入し、事務作業や監視測定、メンテナンス等を内部監査員とAIなどの人工知能が実施している段階、第3段階「デジタルトランスフォーメーション(DX)」は、人工知能により業務の全工程を一元管理し、課題の発見や最適なオペレーションを選択できており、内部監査員は人工知能とともに環境マネジメントシステムが適切に運用されているか評価をすることが主な役割となっていく段階である。

リモート内部監査の将来像

現在、既存の仕組みにデジタル化の個別技術を導入している組織は多く見られる。このような組織は、第1段階「デジタイゼーション(Digitization)」を終え、次の第2段階「デジタライゼーション(Digitalization)」に踏み込んでいるといえる。

しかし、第3段階「デジタルトランスフォーメーション(DX)」に踏み込んでいる組織は少ない。これは、既存の仕組みを変えてDXに移行するためには大きな壁があるといわれているためであり、これが、前述の「2025年の崖」の要因となるものである。

この課題を克服するためにも、変化を起こすことが重要である。

コラム：2025年の崖

多くの経営者が、将来の成長、競争力強化のために、新たなデジタル技術を活用して新たなビジネス・モデルを創出・柔軟に改変する「デジタルトランスフォーメーション（DX）」の必要性について理解している。しかし、既存システムが、事業部門ごとに構築されて、全社横断的なデータ活用ができなかったり、過剰なカスタマイズがなされているなどにより、複雑化・ブラックボックス化していること、経営者がDXを望んでも、データ活用のために上記のような既存システムの問題を解決し、そのためには業務自体の見直しも求められ、ある意味経営改革そのものを求められる中、 現場サイドの抵抗も大きく、いかにこれを実行するかが課題となっている。

この課題を克服できない場合、DXが実現できないのみでなく、2025年以降、最大12兆円／年（現在の約３倍）の経済損失が生じる可能性があるとされる。これが「2025年の崖」である。

03 DX内部監査

DXが進んだときの内部監査はどのように変化するのかを考える。

著者の経験では、環境マネジメントシステムに限定して見ると、外部審査を意識して独立して運用されている場合が多いためか、組織の他のシステムとの連携は少ない。しかし、環境マネジメントシステムの担当者がデジタル化に熱心な場合には、第１段階「デジタイゼーション」が進んでいる組織が割と見られるようになっている。環境マネジメントシステムの第１段階「デジタイゼーション」は、アナログをデジタルに置き換えることなのでスムーズに移行する。ペーパーレス内部監査並びに大きな組織でのリモート内部監査の導入は進みつつある。

第２段階「デジタライゼーション」及び第３段階「デジタルトランスフォーメーション（DX）」まで踏み込んだ組織の審査を経験したことはまだない。しかし、今後、企業はますますDX化を推進していくことが予想され、いずれは、第２段階、第３段階まで踏み込む組織も出てくるだろう。

組織が環境マネジメントシステムだけをそのままにすることはない。効率的な環境マネジメントシステムとするためには、環境マネジメントシステムの担当者は率先してDXに取り組むべきと考える。

内部監査での「不適合」の検出例が多いのは、押印漏れ、記載漏れ、日付の間違い、計算ミス、記載すべき欄に記載されていない、未提出、順守が適切にされていない等である。このように、監視測定していれば、内部監査で確認しなくても修正される項目は非常に多くある。これらの監視測定を人工知能がすることになると、このようなミスは監視測定レベルで検出されるはずである。このほかにも、本来は、責任者がいて確認することになっているが、形式的な確認に留まっていることもままある。人に判断させないことにより、人のミスは自動的に検出されるようになる。

内部監査員は人間であることを規格は定めていない。ISO14001規格5. 3「組織の役割、責任及び権限」で「トップマネジメントは、関連する役割に対して、責任及び権限が割り当てられ、組織内に伝達されることを確実にしなければならない。」としている。このことを、素直に読み取れば、トップマネジメントが決定すれば、人工知能に内部監査員をさせてもよいことになる。この場合、内部監査の第 2 段階「デジタライゼーション」及び第 3 段階「デジタルトランスフォーメーション（DX）」に進むこととなり、内部監査は、内部監査員と人工知能が担当することになる。

単純ミスのチェックは人工知能に任せ、人工知能の学習効果が上がるとさらに複雑なチェックを任せられることになる。人である内部監査員は、環境マネジメントシステムの運用が正しいアルゴリズムで評価されているか、環境マネジメントシステムが組織の期待を反映しているかを判断することになる。つまり、「**図12　内部監査の果たす役割のレベルアップモデル**」（P107参照）中の第四ステップ「環境経営指標改善」、第五ステップ「経営マネジメントシステムとの統合下での環境経営指標改善」のレベルで、これらを判断することになる、ということである。

人工知能は多くのデータの結果並びに担当者の取組みについてチェックし、問題や良い点を抽出するとともに、多くのデータから機械学習により、高精度の分析や活用を可能とするディープラーニング（深層学習）により新たな方向性を提案する。内部監査員は、部門の責任者に対し環境経営的な視点で取組みの考え方をチェックすることになる。

このような内部監査の将来像においては、内部監査員には、第１段階「デジタイゼーション」の段階にあるリモート内部監査においては、非常に高いコミュニケーション能力が要求される。しかし、第２段階「デジタライゼーション」及び第３段階「デジタルトランスフォーメーション（DX）」になると、内部監査員には、内部監査対象者が部門の責任者となるため、高いコミュニケーション能力に加え、環境経営的な判断能力が要求される。

DXの進展とともに内部監査員へ求められる能力は変わってくる。多くの担当者を内部監査員とする仕組みから、会社経営を担う担当者を内部監査員とする仕組みに変わる可能性がある。

付録

付録 1　基本チェックリスト
付録 2　一般的な内部監査のプロセスと重要なポイント
付録 3　組織の複雑性に応じた内部監査員の選択及び内部監査実施事例
付録 4　内部監査結果の評価事例

付録１　基本チェックリスト

部門名	
作成日	

規格項目	実施事項	文書、記録、実施手順等	実施／定期見直し	文書等案作成者／承認者／調整担当／実施担当	確認部門・確認内容	
					環境企画経営責任者 全社環境推進担当 (場合によっては責任部部門)	部門環境責任者 環境推進担当者
4　組織の状況						
4.1　組織及びその状況の理解	外部及び内部の課題を決定	「小中大（株）の外部及び内部の課題」	3～4月	環境企画経営責任者／全社環境推進担当／経営会議	□見直しの実施日 □見直し内容 □周知日	
		「部門の外部及び内部の課題」		部門環境責任者／環境推進担当		□見直しの実施日 □見直し内容 □報告・周知日
4.2　利害関係者のニーズ及び期待の理解	利害関係者のニーズ及び期待の決定	「利害関係者のニーズ及び期待」	3～4月	環境企画経営責任者／全社環境推進担当／経営会議	□見直しの実施日 □見直し内容 □周知日	
4.3　環境マネジメントシステムの適用範囲の決定	EMSの適用範囲の決定	小中大（株）環境マネジメントシステムマニュアルに定める	3～4月	環境企画経営責任者／経営会議	□見直しの実施日 □見直し内容 □周知日	

規格項目	実施事項	文書、記録、実施手順等	実施／定期見直し	文書等案作成者／承認者／調整担当／実施担当	確認部門・確認内容	
					環境企画経営責任者 全社環境推進担当 （場合によっては責任部部門）	部門環境責任者 環境推進担当者
	EMSの適用範囲の決定	「いい環境の初一歩を踏み出す」	3～4月	環境企画経営責任者／経営会議	□見直しの実施日 □見直し内容 □周知日	
	周知、文書化	当社HP	常時	全社環境推進担当		
4.4 環境マネジメントシステム	EMSを確立し、実施し、維持し、かつ、継続的に改善	（小中大（株）環境マネジメントシステムマニュアルに基づく）				
		環境マネジメントシステムの確立、実施、維持、改善				
5 リーダーシップ						
5.1 リーダーシップ及びコミットメント	トップマネジメントのリーダーシップとコミットメント					
5.2 環境方針	環境方針の制定、見直し	「よりいい環境への道 小中大（株）環境方針」	マネジメントレビュー時	トップマネジメント	□見直しの実施日 □見直し内容 □周知日	□周知日
	環境方針の文書化、周知等		制定／変更時	全社環境推進担当		
5.3 組織の役割、責任及び権限	組織の役割、責任及び権限の決定	「小中大（株）環境マネジメントシステムマニュアル」	マネジメントレビュー時	環境企画経営責任者／トップマネジメント	□見直しの実施日 □見直し内容 □周知日	（部門） □見直しの実施日 □見直し内容

規格項目	実施事項	文書、記録、実施手順等	実施／定期見直し	文書等案作成者／承認者／調整担当／実施担当	確認部門・確認内容	
					環境企画経営責任者 全社環境推進担当 (場合によっては責任部部門)	部門環境責任者 環境推進担当者
	組織の役割、責任及び権限の周知	社内サーバーEMSサイト	常時	全社環境推進担当	□見直しの実施日 □見直し内容 □周知日	□報告・周知日
6　計画						
6.1　リスク及び機会への取組み						
6.1.1　一般	リスク及び機会の決定、文書化	「未来を歩く　小中大(株)のリスク及び機会」	3～4月	環境企画経営責任者／全社環境推進担当／経営会議	□見直しの実施日 □見直し内容 □周知日	
		「未来を歩く　部門のリスク及び機会」		部門環境責任者／環境推進担当		□見直しの実施日 □見直し内容 □報告・周知日
	潜在的な緊急事態の決定	(6.1.2環境側面で定める)				
6.1.2　環境側面	環境側面の抽出、環境影響評価、著しい環境側面(定常時、緊急時)の特定、文書化	「環境に責任　部門環境側面抽出、環境影響評価表」	3～4月	環境企画経営責任者／全社環境推進担当／部門環境責任者／環境推進担当	□指示日	□見直しの実施日 □報告・見直し内容 □周知日
		「環境に責任　著しい環境側面一覧」		全社環境推進担当	□見直し、取りまとめ日	

規格項目	実施事項	文書、記録、実施手順等	実施／定期見直し	文書等案作成者／承認者／調整担当／実施担当	確認部門・確認内容	
					環境企画経営責任者 全社環境推進担当 （場合によっては責任部部門）	部門環境責任者 環境推進担当者
	著しい環境側面の周知	社内サーバーEMSサイト	常時	全社環境推進担当	□見直し内容 □周知日	
6.1.3　順守義務	環境側面に関する順守義務、適用の決定、文書化	「会社の骨　部門環境関連法規制等調査表」	3～4月	全社環境推進担当／部門環境責任者／環境推進担当	□指示日	□見直しの実施日 □報告・見直し内容
		「会社の骨　全社環境関連法規制等一覧表及び順守評価表」	3～4月	環境企画経営責任者／全社環境推進担当／経営会議	□見直し、取りまとめ日 □見直し内容 □周知日	□内容確認日
	順守義務の周知	社内サーバーEMSサイト	常時	全社環境推進担当		
6.1.4　取組みの計画策定	著しい環境側面、順守義務、リスク及び機会の取組み 取組みの実施方法と有効性の評価	「未来の社会のため　著しい環境側面、順守義務、リスク及び機会等の展開表」	3～4月	環境企画経営責任者／全社環境推進担当／経営会議	□見直し、取りまとめ日 □見直し内容 □周知日	□内容確認日
6.2　環境目標及びそれを達成するための計画策定						

規格項目	実施事項	文書、記録、実施手順等	実施／定期見直し	文書等案作成者／承認者／調整担当／実施担当	確認部門・確認内容	
					環境企画経営責任者 全社環境推進担当 (場合によっては責任部部門)	部門環境責任者 環境推進担当者
6.2.1　環境目標	環境目標の確立、文書化	「世界の未来図を自分で描く　小中大（株）環境目標」	3～4月	トップマネジメント／環境企画経営責任者／全社環境推進担当／経営会議	□見直し日 □見直し内容 □周知日	
		「世界の未来図を自分で描く　部門環境目標実施計画及び進捗状況報告書」	3～4月	全社環境推進担当／部門環境責任者／環境推進担当	□指示日 □取りまとめ日	□見直しの実施日 □報告・見直し内容 □周知日
	環境目標の周知	社内サーバーEMSサイト	常時	全社環境推進担当	□周知日	
6.2.2　環境目標を達成するための取組みの計画策定	環境目標を達成するための取組みの計画策定	「世界の未来図を自分で描く　小中大（株）環境目標実施計画及び進捗状況報告書」	3～4月	環境企画経営責任者／全社環境推進担当	□見直し日 □見直し内容 □周知日	
		「世界の未来図を自分で描く　部門環境目標実施計画及び進捗状況報告書」	3～4月	全社環境推進担当／環境管理責任者／環境推進担当	□指示日 □取りまとめ日	□見直しの実施日 □報告・見直し内容 □周知日

規格項目	実施事項	文書、記録、実施手順等	実施／定期見直し	文書等案作成者／承認者／調整担当／実施担当	確認部門・確認内容	
					環境企画経営責任者 全社環境推進担当 (場合によっては責任部部門)	部門環境責任者 環境推進担当者
	計画の周知	社内サーバーEMSサイト	常時	全社環境推進担当	□周知日	
7　支援						
7.1　資源	EMSの確立、運用の資源の決定、提供		随時	トップマネジメント／環境企画経営責任者／経営会議	□環境投資内容等	
7.2　力量	力量の決定と付与計画	「より強い武器を持つため　小中大（株）教育研修計画」 「要資格業務者・力量水準・資格一覧表」	3～4月	総務・人事部	□計画策定日	
		「より強い武器を持つため　部門教育研修計画」	3～4月	部門長等		□計画策定日
	力量付与、有効評価	「要資格業務者・力量水準・資格一覧表」	計画に基づく	部門長等	□計画の実施	□計画の実施
	力量の証拠の文書化		実施の都度	総務・人事部	□一覧表の最新版	□一覧表の最新版

規格項目	実施事項	文書、記録、実施手順等	実施／定期見直し	文書等案作成者／承認者／調整担当／実施担当	確認部門・確認内容	
					環境企画経営責任者 全社環境推進担当 (場合によっては責任部部門)	部門環境責任者 環境推進担当者
		「教育訓練記録」	実施の都度	教育実施者／部門長等	□教育訓練記録の作成と保管	□教育訓練記録の作成と保管
7.3　認識	環境方針等についての認識を持たせる	「よりいい環境への道環境e-ラーニング教材」	5月	全社環境推進担当	□実施日 □実施内容、状況	□実施日 □実施内容、状況
7.4　コミュニケーション						
7.4.1　一般	コミュニケーションのプロセス確立	「身近の絆を深く知ろう　小中大（株）コミュニケーション規定」	3～4月	総務・人事部	□コミュニケーション規程の見直し状況	
	実施、維持		随時			
	文書化情報の維持	「身近の絆を深く知ろう　コミュニケーションの記録（内部、外部）」	随時	コミュニケーション規定による		
7.4.2 内部コミュニケーション	環境マネジメントシステムに関する組織内への内部コミュニケーション	社内サーバーEMSサイト、メール	随時	全社環境推進担当／環境推進担当	□実施した内部コミュニケーション	□実施した内部コミュニケーション
		部内ミーティングなど				
	委託会社とのコミュニケーション		随時	委託元の部門の環境推進担当		□委託先会社と実施したコミュニケーション

規格項目	実施事項	文書、記録、実施手順等	実施／定期見直し	文書等案作成者／承認者／調整担当／実施担当	確認部門・確認内容	
					環境企画経営責任者 全社環境推進担当 (場合によっては責任部部門)	部門環境責任者 環境推進担当者
7.4.3 外部コミュニケーション	順守義務に関する外部コミュニケーション	「会社の骨 小中大（株）環境関連法規制等一覧表及び順守評価表」	規定された時期	環境企画経営責任者／全社環境推進担当／環境管理責任者／環境推進担当	□苦情対応 □外部からの問い合わせ対応 □ボランティア、外部からの表彰など □一覧表及び順守評価表に基づく外部対応	□苦情対応 □外部からの問い合わせ対応 □ボランティア、外部からの表彰など □一覧表及び順守評価表に基づく外部対応
7.5 文書化した情報						
7.5.1 一般	規格要求の文書化した情報と小中大（株）がEMSに必要と規定した文書化した情報の確保	「小中大（株）環境マネジメントシステムマニュアル」に規定	3～4月	トップマネジメント／環境企画経営責任者	□文書管理規程に基づく全社に関わるEMS文書管理	□文書管理規程に基づく部門に関わるEMS文書管理
7.5.2 作成及び更新	規格に規定する文書化した情報の作成及び更新	「会社の柱 小中大（株）文書管理規程」	3～4月	環境企画経営責任者／全社環境推進担当／部門環境管理責任者／環境推進担当		
7.5.3 文書化した情報の管理	規格に規定する文書化した情報の管理					

規格項目	実施事項	文書、記録、実施手順等	実施／定期見直し	文書等案作成者／承認者／調整担当／実施担当	確認部門・確認内容	
					環境企画経営責任者 全社環境推進担当 (場合によっては責任部部門)	部門環境責任者 環境推進担当者
8　運用						
8.1　運用の計画及び管理	「未来の社会のため　著しい環境側面、順守義務、リスク及び機会等の展開表」で特定された取組みを実施するために必要なプロセスの確立、実施、管理、維持	「世界の未来図を自分で描く　小中大（株）環境目標実施計画及び進捗状況報告書」	3～4月	環境企画経営責任者／全社環境推進担当	□環境目標実施計画及び進捗状況報告書の管理	
		「世界の未来図を自分で描く　部門環境目標実施計画及び進捗状況報告書」		部門環境責任者／環境推進担当		□部門環境目標実施計画及び進捗状況報告書の管理
		展開表に定めた部門の運用手順書 例えば ・設備管理手順書 ・製造設備運用手順書 ・開発管理手順書		部門環境責任者／環境推進担当		□運用手順書の最新化 □運用手順書に基づく、計画書、記録等の管理(実施状況は担当者へのヒアリング、現場確認で行う)

規格項目	実施事項	文書、記録、実施手順等	実施／定期見直し	文書等案作成者／承認者／調整担当／実施担当	確認部門・確認内容	
					環境企画経営責任者 全社環境推進担当（場合によっては責任部部門）	部門環境責任者 環境推進担当者
8.2　緊急事態への準備及び対応	緊急事態対応のプロセスの確立	「環境を汚すな　緊急事態対応手順書」	3月～	部門環境責任者／環境推進担当		□緊急事態手順書の最新化
	緊急事態のテストの実施	「環境を汚すな　緊急事態対応手順書」 「教育訓練記録」	10月	部門環境責任者／環境推進担当		□緊急事態滞欧訓練実施と記録作成
	緊急事態への対応	「環境を汚すな　緊急事態対応手順書」 「緊急事態発生・対応報告書」	発生時	環境企画経営責任者／全社環境推進担当／環境管理責任者／環境推進担当	□緊急事態発生時の全社対応 □緊急事態発生・対応報告書	□緊急事態発生時の部門対応 □緊急事態発生・対応報告書
9　パフォーマンス評価						
9.1　監視、測定、分析及び評価						
9.1.1　一般	環境パフォーマンスを監視し、測定し、分析し、評価する	部門の運用手順書	監視測定：随時	部門環境責任者／環境推進担当		□運用手順に基づく実施

規格項目	実施事項	文書、記録、実施手順等	実施／定期見直し	文書等案作成者／承認者／調整担当／実施担当	確認部門・確認内容	
					環境企画経営責任者 全社環境推進担当（場合によっては責任部部門）	部門環境責任者 環境推進担当者
	校正や検証された監視測定機器の使用及びその証拠	部門で定めた実施内容を取りまとめた「運用管理・監視測定一覧」に基づく管理	毎月	部門環境責任者／環境推進担当		□「運用管理・監視測定一覧」に基づく管理
	環境目標の進捗管理	「世界の未来図を自分で描く　小中大（株）環境目標実施計画及び進捗状況報告書」	四半期ごと	環境企画経営責任者／全社環境推進担当	□環境目標実施計画及び進捗状況報告書の管理	
		「世界の未来図を自分で描く　部門環境目標実施計画及び進捗状況報告書」	毎月	部門環境責任者／環境推進担当		□部門環境目標実施計画及び進捗状況報告書の管理
9.1.2　順守評価	部門での順守評価	「会社の骨　小中大（株）環境関連法規制等一覧表及び順守評価表」	半期ごと	部門環境責任者／環境推進担当		□環境関連法規制等一覧表及び順守評価表による法順守評価
	全社での順守評価の取りまとめ	「会社の骨　小中大（株）環境関連法規制等一覧表及び順守評価表」	半期ごと	環境企画経営責任者／全社環境推進担当	□環境関連法規制等一覧表及び順守評価表による法順守評価	

規格項目	実施事項	文書、記録、実施手順等	実施／定期見直し	文書等案作成者／承認者／調整担当／実施担当	確認部門・確認内容	
					環境企画経営責任者 全社環境推進担当 (場合によっては責任部部門)	部門環境責任者 環境推進担当者
9.2　内部監査						
9.2.1　一般	内部監査の実施		11月～12月	内部監査チーム		
9.2.2　内部監査プログラム	内部監査の計画、実施、報告、記録保管	「内部環境監査計画」	10月	内部監査責任者／トップマネジメント		
		「内部環境監査チェック項目表」 「部門内部環境監査報告書」	11月～12月	内部監査チーム	□前回の内部監査で検出された指摘事項等への対応	□前回の内部監査で検出された指摘事項等への対応
		「内部環境監査報告書」	12月	内部監査責任者／トップマネジメント	□前回内部監査でトップマネジメントからの指示事項への対応	
9.3　マネジメントレビュー	マネジメントレビューの実施と文書化	「マネジメントレビューの記録」（インプット）	3月	環境企画経営責任者／全社環境推進担当／経営会議	□マネジメントレビューの記録 □マネジメントレビューでの指示事項に対する対	□マネジメントレビューでの指示事項に対する対応 □マネジメントレ

規格項目	実施事項	文書、記録、実施手順等	実施／定期見直し	文書等案作成者／承認者／調整担当／実施担当	確認部門・確認内容	
					環境企画経営責任者 全社環境推進担当 (場合によっては責任部部門)	部門環境責任者 環境推進担当者
		「マネジメントレビューの記録」(社長の判断・指示)	3月	トップマネジメント／経営会議	応 □マネジメントレビュー結果の周知	ビュー結果の周知
10　改善						
10.1　一般	改善の機会の決定と必要な取組みの実施	小中大（株）環境マネジメントシステムマニュアルに基づく				
10.2　不適合及び是正処置	不適合の是正処理、有効性確認、水平展開	「不適合報告書」	随時	環境企画経営責任者／全社環境推進担当／部門環境責任者／環境推進担当	□不適合への対応	□不適合への対応
10.3　継続的改善	EMSの適切性、妥当性及び有効性を継続的に改善	小中大（株）環境マネジメントシステムマニュアルに基づく	随時		□改善の実施	□改善の実施

付録 2　一般的な内部監査のプロセスと重要なポイント

内部監査の段階	重要なポイント
□内部監査員の育成	□規格、組織のEMSの理解 □組織の体制、運営、事業計画、経営状況等の理解 □対話、聞き出し等のコミュニケーション能力
□内部監査計画の策定	□重点化目的の明確化 □過去の内部監査の結果を反映 □部門の環境影響の大きさに見合った監査時間、内部監査員の配置
□内部監査の事前準備	□内部監査員間の意識合わせ □チェックリストの作成 　□現場確認におけるチェックリストが規格要求事項の裏返しとなることは避ける 　　・運用の実態、現場の状況等の確認項目 　　・法規制順守状況の確認における重点項目（法規制一覧表の使用） 　□限られた時間で実施するため、確認項目を重点化する 　例えば 　　・過去の内部監査で長年問題がなかった項目については、チェックリストから削除 　　・繰り返し問題が起こっている点については、詳細な確認事項とする　等
□内部監査の実施	□前向きな対話 □チェックリストの有効活用（チェックリストの棒読みやチェックリストの項番にとらわれて会話の流れを乱すことは避ける） □現場主義（現場の写真撮影は有効） □事実に基づく指摘に努め、「思い入れ」での指摘は避ける □不具合は大小にかかわらず検出 □業務改善につながる事項を積極的に検出 □よい点の検出
□被監査部門報告	□検出項目について文書で事実関係を確認 □簡潔でわかりやすい文面で報告

□不具合（不適合）の是正	□原因追及に基づく是正 □原因追及が不備な場合は差し戻す □再発防止策の実施 □業務改善の実施
□よい点の発掘	□よい点を認めるとともに、その点を全体の改善のきっかけとして活用
□水平展開	□是正処置内容を他の部門にも展開することによる潜在的不具合（不適合）の排除（予防処置） □よい点を他の部門に展開することによる組織全体の環境パフォーマンスの向上
□内部監査結果の分析	□検出項目全体の分析によるEMSの欠陥、強みの検出 （例：要求事項別、部門別等による強み・弱みの分析） □過去の内部監査の検査結果との比較分析 （例：不適合の再発分析） □監査プログラムの課題分析 （例：監査計画、チーム編成、内部監査員の力量、チェックリスト等） □組織自体が規定した要求事項への適合性 □規格の要求事項への適合性 □環境マネジメントシステムの有効性 ・環境パフォーマンスの向上 ・順守義務を満たすこと ・環境目標の達成
□監査結果の情報提供	□実施概要、検出項目、是正結果、水平展開結果、分析結果 □EMS改善提案 □マネジメントレビューへのインプット情報
□トップマネジメントによる判断	□経営的観点で内部監査結果を評価 □内部監査が有効に機能したかどうかの判断

付録3　組織の複雑性に応じた内部監査員の選択及び内部監査実施事例

項目	事例
内部監査員の資格、担当者	■一般的な組織 □組織内所属者で外部の内部監査員研修、組織内の内部監査員研修修了者 ⇒内部監査の経験を必須とする場合もある
	■大規模な組織 □本社の内部監査員 □部門やサイトの内部監査員と合同の場合もある □グループ会社在籍者のうち、スキルのある者
	■監査室の業務に環境の内部監査を規定している組織 □監査室の担当 ⇒監査室のある組織において事例あり
	■外部に内部監査員を委託する組織 □環境審査員、環境コンサルタント等 ⇒小さな組織 （内部監査員の要員を確保できない、組織内で育成するより外部委託したほうが費用面や監査のレベルで利がある） ⇒自己宣言組織 （外部の監査を受けることにより、自己宣言運用の正当性を示す） ⇒一般的な組織 （人員削減により業務の効率化を図り、内部監査員の要員を確保できない） □グループ会社、地域の他会社の内部監査実施のスキルのある者
内部監査の実施方法	■実施体制、対象部門 □全部門、全サイトを内部監査員により実施 ⇒一般的な内部監査の実施方法 □環境負荷の大きい部門、サイトは毎年1回実施、他は数年に1回実施 ⇒内部監査の経費や人手不足への対応 □実施しない場所において、自己チェックリスト診断を実施している組織もある

	□階層化内部監査の実施 ⇒例えば、グループ会社を含む場合 （グループ会社はグループ内を内部監査、全グループの内部監査員がグループ会社としてのEMS運用状況を内部監査） □監査室が社内監査と同時に実施 □委託した外部・内部監査員による実施 ■実施期間 □短期集中型（１週間以内） ⇒１サイト、中小規模組織が多い □中期期間型（１～２ヶ月間） ⇒大規模組織に多い □年間計画型（１年間） ⇒大規模、多数サイト組織に多い ■その他（ICT技術応用） □書類審査と現地確認を分離して実施 ⇒書類、記録は全てサーバーに保管している場合 □テレビ会議、Web会議システムの活用 □スマートフォンやタブレット等による現場確認

付録４　内部監査結果の評価事例

No.	基準	内容
1	検出課題の件数 (不適合、改善提案、業務改善提案、よい点等)	□提案がなければ環境マネジメントシステムの改善は図られない。不適合がなくても、改善提案等はあるはずである。 例えば、５段階評価で、５件以上は５点、４件は４点、３件は３点、２件は２点、１件以下は１点
2	(a)　前回（過去）の是正処置をした検出課題の再発件数 (b)　改善提案、良い点の実施件数	□(a)再発する要因は、原因の追及による是正処置が未熟であったためであり、是正計画を認めた前回（過去）の内部監査のレベルが低かったと評価する。 例えば、５段階評価で、０件は５点、１件は３点、２件は２点、３件以上は１点 １年以上遅れの評価ではあるが、前回実施した内部監査員の評価を行ったことになるため、今回の内部監査員の是正計画承認を安易にしないようにする牽制が働く。
3	検出課題による改善効果	□次回の内部監査で改善状況を総合的に評価する。
		□マネジメントレビューによる評価をする。
		□環境汚染につながる事故の発生、事故につながる可能性のあるヒヤリハットの発生件数を評価する。 例えば、５段階評価で、ヒヤリハット０件は５点、１件は３点、２件は２点、３件以上又は事故発生１件以上は１点
		□改善されなかったとして仮定した損失を金額にして評価する。 例えば、５段階評価で、100万円以上は５点、50～100万円は４点、10～50万円は３点、１～10万円は２点、１万円未満は１点
4	EMSの成熟度に対応する内部監査の目的、重点項目のレベル	□トップマネジメントの期待する内部監査となっているかをトップマネジメントが自ら判断する。

あとがき

本書では、著者のリモート内部監査の経験を基に、リモート内部監査が持つ可能性や実施方法等についてまとめた。リモート内部監査を予定される組織の担当者への参考になれば幸いである。

環境マネジメントシステムはPlan、Do、Check、Actの要素から構成される。本書をまとめていくに従って、内部監査だけをリモート化しても環境マネジメントシステムの有効性をどれだけ高められるか疑問を持つようになった。そこで、当初予定になかった第５章「リモート内部監査のスケジュールと内部監査報告書」を加えた。

リモート内部監査をきっかけに、さまざまな組織で、環境側面特定、環境影響評価、法規制等の特定、環境目標の進捗管理、順守評価等のデジタイゼーション、デジタライゼーション、デジタルトランスフォーメーションについて検討が進むことを期待する。

2022年10月

小中　庸夫

<参考・引用文献>

・『環境マネジメントシステム－要求事項及び利用の手引き　JIS Q 14001：2015（ISO14001：2015）』（日本規格協会）

・小中庸夫『改善に活かす！　ISO14001：2015年版への移行と運用の実務クイックガイド』（第一法規、平成29年）

著者プロフィール

小中　庸夫（こなか　つねお）

株式会社小中総合研究所代表取締役

1949年青森県青森市生まれ。

●北海道大学工学研究科原子工学専攻修士課程修了後、電電公社（現在のNTT）に入社。研究所で、低収縮性レジンモルタル、高弾性率延伸ポリマー、ノンハロゲン難燃ケーブル、高温超伝導体マイクロ波素子等の研究開発に携わった後、環境問題に関心を持ち、光ケーブルリサイクルの研究開発、NTTグループの環境関連WG活動、研究所並びにNTTグループ会社へのISO14001構築・認証取得・運用支援、NTTグループ内の内部監査を通し数十人の環境審査員育成。2001年からNTTアドバンステクノロジ株式会社に移り、環境関連のコンサルティングを行う。

●2005年に、現会社を設立し、環境、情報セキュリティ、CSR等のマネジメントシステム構築・運用、研修、調査等のコンサルティング活動並びに審査をしている。

〈その他の経歴・資格等〉

●JRCA登録EMS主任審査員、JRCA登録ISMS主任審査員、エコアクション21審査員、審査登録機関の嘱託審査員・判定会委員、日本LCAフォーラム会員、高分子学会シルバー会員、産業廃棄物処理業経営塾OB会会員等

●有機溶剤作業主任者、特定化学物質作業主任者、危険物取扱者甲種、特別管理産業廃棄物管理責任者等

〈著書〉

「改善に活かす！ISO14001：2015年版への移行と運用の実務クイックガイド」第一法規、平成29年

〈共著書〉

「ISO14001が見えてくる」日刊工業新聞、「ISO環境法クイックガイド」第一法規、「ISO環境マネジメントチェックリスト環境保全基準」第一法規他

サービス・インフォメーション

通話無料

①商品に関するご照会・お申込みのご依頼
TEL 0120(203)694／FAX 0120(302)640

②ご住所・ご名義等各種変更のご連絡
TEL 0120(203)696／FAX 0120(202)974

③請求・お支払いに関するご照会・ご要望
TEL 0120(203)695／FAX 0120(202)973

●フリーダイヤル(TEL)の受付時間は、土・日・祝日を除く9:00〜17:30です。

●FAXは24時間受け付けておりますので、あわせてご利用ください。

―事例とアドバイスでよくわかる―
環境マネジメントシステム「リモート内部監査」実践ガイド

2022年12月15日　初版発行

著　者　小 中 庸 夫

発行者　田 中 英 弥

発行所　第一法規株式会社
〒107－8560　東京都港区南青山2－11－17
ホームページ　https://www.daiichihoki.co.jp/

リモート内部監査　ISBN 978-4-474-07874-1　C2036　(1)